건축품질관리

최 준 오 저

SEOWOO PUBLICATIONS

머리글(개요)

• 우리는 우리나라의 자랑스러운 제품인 디지털TV나 핸드폰 등을 대할 때 자부심과 그 품질에 대해 만족하고 즐거워한다. 우리 건설인이 만드는 제품(상품)인 건축물이 고객에게 자부심과 만족의 대상으로 다가가 부각된다면 얼마나 좋을까!

– 품질관리의 중심에는 고객(사용자, 소비자, 건축주, 입주자, 발주자)이 항상 있으며, 고객만족을 위하여 노력할 때 고객 뿐 아니라 건설발전에도 기여할 수 있다고 생각한다. 생각을 조금 확장하여 마케팅을 생각해보면, 마케팅이란 고객 또는 일반소비자의 욕구를 탐색하고 욕구충족을 위해 재화나 용역을 생산자로부터 고객 또는 일반소비자에게 유통시킴으로서 조직의 목적을 달성하는 활동이라고 하였듯, 고객의 요구와 욕구를 사업초기에 미리 파악하여 사업에 반영하고, 설계를 통해서 요구되는 품질을 가시화시키고, 생산 활동을 통해 좋은 품질의 제품을 완성하여 인도하며, 사후관리를 통해 인도된 제품에 대한 보증까지 일련의 연속성을 유지해준다면 고객은 만족을 하고 추후 다시 그 제품을 찾을 것이다. 품질관리활동은 이와 같은 활동의 연장선상에 있는 것이다.

• 이를 이루기 위한 관리활동과 품질에 대한 올바른 인식이 실무 시에 바른 행위를 하게하고 좋은 결과를 만든다고 생각하며, 이러한 이유로 본서는 건설과정에서 품질에 대한 올바른 인식추구와 수행에 대한 해결방법론에 대해 정리하고자 한다. 품질관리는 모든 사업의 계획단계에서부터 시작하여 공사의 전 과정을 거쳐 발주자가 시설을 사용할 때까지 계속되고, 이 복잡 다양한 건설과정에서 효과적으로 품질을 관리하기 위해서는 관리방법론이 필요할 것이다.

– 방법론이란 일반화된 수행절차 및 수행과제들의 처리과정들의 모음들이라고 할 수 있으며, 업무의 모든 사항들이 일반화된 절차로 단계별로 체계적으로 문서화되어 있고, 각 단계별로 어떠한 활동들(activity)을 해야 하는지가 세분화되어 있으며, 각 활동들에 따른 예상 결과(산출물)들이 모두 문서로 기술되어 있다면 그 업무에 누가 투입되느냐에 관계없이 '일정한 수준의 질(quality)'이 보장될 것이다. 방법론이 존재한다면 "누구나 그 업무에 투입되어서" "예측 가능한 일정 수준 이상의 결과"를 만들어 낼 수 있으며 "훨씬 더 빠른 속도로 그 업무에 숙달할 수 있다"는 장점이 있으며,

이것은 대단한 차이가 있다. 방법론이라고 해서 개념적으로만 존재하는 이론은 아니며, 작업과 절차에 대한 명확한 문서화가 뒷받침되어야 한다. 단순한 '업무 기술서' 수준의 문서는 결코 아니며, 광범위하게 적용될 수 있는 '일반화 된' 절차이다. 그 정도는 방법론들에 따라 차이가 크고 다양하며, 방법론에도 여러 가지 종류가 많이 있다.

– 즉, 사업수행과정을 사전에 체계화하여 절차를 정하여 관리하면(프로세스와 시스템을 가지고 관리하면), 오류가 적고 효율적으로 검증되고 점진적으로 목적을 달성할 수 있다는 생각이며, 목적달성을 위한 진행단계에서 불확실성을 가시화 하고 문서화 된 가시화된 사안은 업무 시 사전관리와 검증이 가능해져 오류와 하자 없이 목표를 점진적으로 완성할 수 있으며 이 절차와 과정을 지킴으로서 사업의 관리(품질관리)과정은 유지된다. 실무 시 계획서 따로 실무 따로 인 경우를 종종 보는데, 초기에 관리를 위해 설정하여 계획하고 절차화한 것들이 형식(요식)적이지 않고, 실무 시 활용되고 적용될 때 목표에 더 확실히 접근해 갈 수 있을 것이다.

• 이에 대하여 미리 품질관리의 요점을 살펴보면, 건설에는 자금과 물자와 인력과 장비와 건설기술이 투입되어 가공 조립되고 생산되어지는 과정들로서, 이러한 요소들에 대해 목표한 바를 완성하기 위한 조직은, 좋은 수준의 물자와 인력들이 절차화된 업무체계와 지침에 의하여 투입되고 수행 또는 지원되며, 수행 중 발생 오차에 대해서 조정하고 재시행하는 관리과정이다.

• 좋은 품질은 최종산출물(건축물, 제품)에 하자나 결함이 없어야 하며, 이를 위해서 복잡하고 다양한 건설단계별 과정마다 계획을 세우고 문서화해서 검증하며 점진적으로 완성해 나아가야 한다. 이는 기 설정된 목표와 정확한 품질에 대한 인식의 바탕이 있어야, 수행하기에도 명확해지며 좋은 결과를 얻을 수 있다. 이러한 관리과정들을 이해하고 인식하기 위해, 본서의 구성은 먼저 품질에 대한 정확한 규정을 위해 그 정의들을 알아보고, 품질에 내포되어 있는 구성성분에는 무엇이 있으며, 이 품질목표를 달성하기 위해 어떠한 과정을 거치며, 어떠한 관리행위들을 하며, 품질을 완성해가는 지에 관한 인식추구를 위해 정리하고자 한다. 그리고 본서는 초기 올바른 인식에 초점을 두어 정리하였으며 세부적으로 공종별 시공계획서, 재료시험 등의 내용은 시중에 일반화되어 있고 지면제약 상, 그 취지와 범위, 구성 체계등은 하나의 셈플 정도로 만 제시 정리하고자 한다.

• 그리고 이 정리과정에서 여러 도움을 주신 도서출판 서우 이석환사장님과 편집에 노고를 아끼지 않은 서우 편집부와 무사히 출간되도록 하여주신 하나님께 감사를 드립니다.

2017년 1월

저자

목 차

제 1 장

품질의 정의 및 이해

1. 품질의 정의
2. 품질관리의 정의
3. 단계별 품질관리
4. 품질관리 시스템

1. 품질의 정의

품질관리에 대한 이해를 위해 먼저 품질에 대해 문제를 제기함과 동시에 올바른 품질인식과 규정을 위해 그 정의들을 모아 정리하고자 한다.

1.1 품질의 정의 모음

품질이란 제품의 유용성을 결정하는 성질 또는 제품의 사용목적을 다하기 위해서 구비해야 할 성질이다. 따라서 제품의 품질은 그것을 사용하는 소비자에 의하여 평가되며 소비자의 사용목적이나 조건에 맞는 품질이 결국 좋은 품질이다. "최고, 최상"의 품질이 아니라 "최적"의 품질이 좋은 품질인 것이다.

품질이란 말이 기존의 전통적인 개념으로부터 최근의 전략적인 개념으로 발전하면서 여러 가지 뜻을 가지고 있다. 품질의 전통적인 개념은 "오래 쓰고, 질기고, 튼튼한 것" 등과 같은 품질의 물리적 성질을 객관적으로 표현되어 왔다. 그러나 현대 산업사회의 변화와 함께 오늘날 경쟁사회의 경영자들은 점차 "고객의 욕구를 충족시키는 것" 이라고 하는 전략적 품질의 개념에 관심을 갖게 됨으로써 품질의 주관적 성질의 측면이 부각되고 있다.

1) 우리나라의 품질정의

우리나라의 품질정의는 1996년 한국산업규격(KSA 3001)으로 다음과 같이 규정하고 있다.

"물품 또는 서비스가 사용목적을 만족시키고 있는지의 여부를 결정하기 위한 평가의 대상이 되는 고유의 성질·성능의 전체"

이 정의는 제품이나 서비스의 품질을 평가함에 있어서 품질이 사회에 미치는 영향에 대해서도 고려할 필요가 있다는 점과 그리고 품질에는 여러 가지 특성이 포함된다. 예컨대 콘크리트의 품질에는 슬럼프치·압축강도·내구성 등의 품질특성이 포함되는 점을 추가로 명기하고 있다.

2) 그 외 학자들의 정의

(1) 데밍(Deming) : 최대로 유용한 제품

(2) 쥬란(Juran) : 사용목적에의 적합성

(3) 파이겐바움(Feigenbaum) : 마케팅·설계·제조·유지관리의 차원에서 고객의 기대를 충족시키는 제품과 서비스의 종합적 특성
(4) 크로스비(Crosby) : 요구조건에의 부합성
(5) 국제표준화기구(ISO) : 고객의 명시적·묵시적 욕구를 충족시킬 수 있는 제품과 서비스의 총체적 특성

위의 다섯 가지 정의는 각기 특정 부분을 강조하고 있기 때문에 상호 보완의 차원에서 포괄적으로 고려하는 것이 바람직하다.

사용자 입장에서 품질을 사용하는 사람들의 요구를 충족시켜야 한다는 전제 아래"용도에 대한 적합성(fitness for use)"이라는 말로 데밍과 쥬란은 간단히 표현하고 있다.

크로스비는 품질을 우량·고급·일류 등과 같은 절대적 개념으로 보는 것은 그릇된 가정이라고 전제하고 생산자 입장에서 품질을 "개별고객의 요구사항에 대한 일치성(conformance to requirement)"을 추구하면 되는 것으로 정의하고 있다. 따라서 요구조건에 일치하지 않으면 품질불량이라고 보는 것이다. 예를 들어 아무리 고급의 저택이라도 주택의 모든 요건에 일치하지 않으면 품질이 불량이며, 소형주택이라도 주택의 모든 요건에 맞으면 품질이 우량인 것이다. 그리고 국제표준화 기구의 정의는 쥬란의 "사용목적에의 적합성"이라고 내린 정의를 사회적 관점에서 설명하고 있다.

즉 그것은 명시적으로 표출된 것이든 묵시적으로 인정된 것이든 간에 모든 욕구를 다함께 충족시키는 총체적 품질을 강조한다. 파이겐바움의 정의는 먼저 사용자(고객)의 입장에서 요구사항·적합성 및 기대성의 기준들을 명시하고 있으며 또한 생산자 입장에서 품질을 달성하는데 중요한 역할을 하는 기업의 주요 부문만 마케팅·설계·제조·유지 관리 등을 명시하고 있다. 그러므로 국제표준화기구와 파이겐바움은 다 같이 품질에 대한 그들의 정의를 주관적 측면(사용자입장)의 품질과 객관적 측면(생산자 입장)의 품질을 결합한 총체적 품질을 강조하면서 제조된 제품과 인도된 서비스에 적용하고 있다.

1.2 품질속성

품질이란 의미에 내포되어(포함되어 동시만족을 요구하는) 있는 내용들, 제품의 품질을 결정하는 요소

위 1.1 품질의 정의에서 보듯이 바로 개략적인 의미는 대강 알지만 손에 잡히듯 구

체화하기 어려운 포괄적인 부분이 있어 그 품질에 내포되어있는 속성을 정리해 알아봄으로서 품질인식의 정확한 방향성을 잡을 수가 있을 것이다. 여기에서 품질속성과 비슷한 언어들을 들어보면 구성인자, 구성요소, 품질특성, 품질요소, 성질, 내포특성 등을 들 수 있는데 여기서는 품질속성을 사용하겠다.

품질을 관리하기 위해서는 먼저 관리의 대상이 되는 품질의 뜻을 명확히 하는 것이 중요하며, 품질 그 자체의 정의는 시대와 더불어 변해가고 있다. 특히 기업 간 경쟁의 관건이 품질임을 고려할 때, 고객의 입장에서 본 품질 개념의 정립이 필요하고 또 정립되어야 한다.

1) 소비자가 요구하는 품질속성

먼저 소비자가 요구하는 품질속성을 정리해보면 다음과 같다.

(1) 여러 가지 기능을 수행할 수 있을 것(多機能性)
(2) 성능이 우수할 것(性能)
(3) 모양이 좋고 독특할 것(外觀)
(4) 견고할 것(强度)
(5) 고장이 잘 나지 않을 것(信賴性)
(6) 오래 사용할 수 있을 것(耐久性)
(7) 수리가 용이할 것(保全性)
(8) 사용하기 편리하고, 조작이 간편할 것(便利性, 操作性)
(9) 사용자에게 해롭지 않을 것(安全性)
(10) 색상이 좋을 것(外觀)
(11) 값이 쌀 것(經濟性)
(12) 유지하기 쉽고, 유지비가 적게 들 것(經濟性)
(13) 폐기가 용이하고, 공해 요인이 되지 않을 것(公害性)
(14) 구조가 간단하고, 제조가 용이할 것(製造性)

품질의 좋고 나쁨은 그 물품의 사용자가 사용 목적(용도)을 충족시켰는가의 여부에 따라 평가되는데. 이 때 품질평가의 대상이 되는 성질이나 성능이 품질특성이다. 품질특성은 참특성과 대용특성을 나눌 수 있다. 참 특성은 소비자가 요구하는 품질특성으로써, 위생도기의 경우 스타일, 소음, 경제성, 편리성 등에 대한 소비자의 관능적 요구 품질이다. 대용특성은 참 특성을 해석한 것으로써 위생도기의 경우 길이, 폭, 높이, 색상, 수량 등으로 표시할 수 있다. 참 특성을 대용특성으로 나타냄에 있어 부족함이 없도록 하는 것이 소비자 요구를 만족시키는 첫걸음이 된다.

2) 품질속성의 정리

품질개념에는 내구성, 기능성(용도기능, 설비적, 환경조절적), 유용성, 미, 아무림, 사후관리 등 요소가 내포되어 있다.(설계나 시공단계에서 품질관리 할 요소를 적시하기 위해서 정리함)

건축이 추구하는 기본적인 목표는 강(强 firmitas), 용(用 utilitas), 미(美 venustas)로 로마의 건축가 비트루비우스의 건축십서에 잘 나타나 있고, 오늘날에도 기능, 구조, 미(형태)는 건축의 3대요소가 되고 있다. 이 요소는 대별하여 유용성과 조형으로 정리할 수 있으며, 위의 소비자가 요구하는 품질속성에 비추어 보면 고객만족을 위해 제시되는 제품품질의 결정요소로 품질개념에는 내구성, 기능성, 미, 아무림, 사후관리 등 요소가 내포되어 있다. 즉, 제품이나 건축물이 튼튼하고, 건축기능이 잘 배치되거나 환경요소와 설비기능이 잘 작동되고, 외관이나 실내가 아름다우며, 자재들 간에 짜맞춤의 아무림이 섬세하며, 사후 문제점에 대한 AS가 잘되어지는 것까지 품질개념에 포함된다.

이를 위해 초기단계인 설계단계에서 품질실현을 위해 사전검토 후 준비하고 계획하여 기준을 설정하고, 시공단계에서 철저한 생산관리하며, 사후 AS를 잘하여야 품질이 완성되어지듯이 품질은 어느 한 순간에 완성이 되는 것이 아니고, 절차에 따라 미리 설정된 가이드라인 즉 그 과정의 규격 기준으로 오차관리하며 차례대로 수행되고 점진적으로 완성이 되어진다.

품질은 시공(생산)과정에 만 국한되지 않고 품질구성인자의 각 요소들을 건설과정마다에서 완성도를 높여야 최종산출물(건축물, 제품)의 품질이 높아진다.

1.3 품질의 분류

1) 목표품질

소비자의 기대품질로서 당연히 있어야 할 품질을 의미한다. 따라서 이것은 바로 그 제품에 대한 소비자의 요구라고 할 수 있다. 소비자의 요구를 정확하고 광범위하게 조사하고, 이것을 그 제품이 당연히 가지고 있어야 할 품질 특성을 규정한 후 이것이 품질에 실현되도록 노력할 필요가 있다.

2) 설계품질

목표품질 중 자사의 기술수준과 공정능력상 실현이 가능하다고 생각되어 제품의 설계에 반영된 품질특성을 말한다. 다시 말하면 목표품질을 실현하기 위해 제품을 기획하고 그 결과를 설계도와 시방으로 정리하여 표현화한 품질을 말하는 것이다.

3) 제조품질(적합품질)

제조품질은 적합품질 또는 합치품질이라고도 하며 실제로 제조된 품질특성 즉, 실현되는 품질을 의미한다. 현장의 품질관리는 제조품질을 설계품질에 합치시키기 위한 노력이라고도 말할 수 있으며, 제조품질이 설계품질의 허용오차를 벗어날 때, 이것이 불량품이 되는 것이다. 제조품질의 적정 불량율은(P0)는 총비용이 최저가 되는 불량률이다. 불량율의 변화는 총비용의 증가를 가져온다.

4) 시장품질(사용품질)

제조품질과 설계품질이 합치된 합격품이 출하되어 소비자의 사용 상태에 있는 동안 만족을 주는 품질을 말한다. 이러한 품질을 사용품질이라고도 한다. 특히, 시장품질은 물리적, 화학적 특성만이 아니라 가격, 소비자의 취향, 소득수준, 심리적 요인 등이 복합적으로 반영되기 때문에 최적품질 수준결정이 어려운 것도 이 때문이다. 시장품질을 높이기 위해서는 사용방법의 교육 등의 서비스 비용의 증액이 필요하다.

5) 제품이외의 서비스품질

제품을 직접 취급하지 않는 기업도, 자사가 제공하는 서비스 등을 품질이라 생각하는 것이 현재의 추세이다. 제품(하드웨어)에 따르는 서비스(소프트웨어)도 결국은 전체적으로 기능을 제공하고 있는 것이다. 운송, 통신, 정보 등도 이것이 사용자에게 기능을 제공하는 것이므로 제품의 품질과 기본적으로 같다.

1.4 품질관련 용어의 정의

(1) 품질의 사전적 의미 : 물품의 성질과 바탕

(2) 품질 (品質) : 제품 또는 서비스가 명시적 또는 묵시적 요구를 만족시키는 능력의 특징 또는 특성의 총체

(3) 품질표시 : 소비자에게 상품의 품질을 알리기 위하여 상품의 내용과 특징을 상품에 표시하여 보인 것

(4) 품질경영(品質經營) : 품질방침, 목표 및 책임을 결정하고, 이들을 품질계획 수립, 품질관리, 품질보증, 품질개선과 같은 수단에 의해 품질시스템 내에서 실행하는 전반적 관리기능에 관한 모든 활동

(5) 품질관리(品質管理) : 품질에 대한 요구사항을 충족시키는데 사용되는 운영기법 및 활동. 기업에서 수요자의 요구에 맞는 제품을 경제적으로 생산하기 위하여 통계적인 수단을 활용하여 제품의 품질분석, 기술검토 등을 하는 과학적인 관리체계, 또는 그러한 활동들

(6) 품질보증(品質保證) : 제품 또는 서비스가 주어진 품질요구를 충족시킬 것이라 적절 확신을 주기 위해 품질시스템 내에서 수행되는 모든 계획적이고 체계적인 활동

(7) 품질시스템 : 품질경영을 실행하는데 필요한 조직적 구조, 책임, 절차, 과정 및 지원

(8) 시험(試驗,Testing) : 시료 및 시험편에 대하여 그 특성을 조사하여 자료(Data)를 내는 것

(9) 검사(檢査, Inspection) : 시험결과를 판정기준과 비교하여 합격품과 불합격품의 판정을 내리는 것

(10) 교정검사(矯正檢査, Calibration Inspection) : 사용 중인 계량기를 표준기의 측정값과 비교하여 표준기에 맞도록 교정하는 것

1.5 제품, 서비스의 결정요소

1) 제품 품질의 결정요소

앞에서 설명된 제조된 제품과 인도된 서비스에 대한 품질의 총체적 제품 품질을 결정하는 요소에 대한 가빈이 제시한 8가지 요소는 다음과 같다.

(1) 성능(Performance) : 성능이란 제품의 기본적인 운영특성을 일컫는다. 예컨대, 콘크리트의 성능은 유동성, 강도 및 내구성 등을 말하며, 석재의 경우는 압축강도, 비중, 탄성파속도 등이 되며 골재는 비중, 흡수율, 안전성, 단위중량 등이 성능이 된다.

(2) 모양, 특성(Feature) : 모양 또는 특징이란 성능의 부차적인 측면이라고 볼 수

있다. 즉 그것은 기본기능을 보완해 주는 일종의 덤인 셈이다. 예컨대. 아파트 입면을 라운드 처리하고 발코니 화분대 설치하는 것과 같은 것이다. 그런데 일차적 성능과 이차적 특징을 분리하는 것은 쉬운 일이 아니다. 더구나 고객은 이들 특징의 품질에 대해서 뿐만 아니라 그 특징들의 유용성과 유연성에 대해서도 가치를 부여한다.

(3) 신뢰성(Reliability) : 신뢰성이란 특정상황하에서 특정 기간 동안 특정기능을 성공적으로 수행할 수 있는 확률을 말한다. 내구성 제품의 신뢰성은 흔히 최초하자 발생시까지의 평균시간이나 평균 하자발생 간격으로 측정된다. 그러나 이러한 측정기간은 특정기간 동안 사용되는 제품에 적용되며 순간적으로 소비되는 제품이나 서비스에는 적용될 수 없다. 따라서 신뢰성은 내구성 제품과 관련이 없다.

(4) 적합성(Conformance) : 적합성이란 제품의 설계와 운영특성이 정해진 표준에 부합되는 정도를 일컫는다. 흔히 적합성은 작업결과가 규격범위(허용오차)내에 들어가는지 안 들어가는지에 의하여 결정되며, 규격중심(목표치)에 정확하게 일치하는지에 대해서는 관심을 두지 않는다. 그러나 만약 두 부품을 조립하는 경우, 한쪽은 규격하한에 가깝고 다른 한쪽은 규격상한에 가깝다면 제대로 튼튼하게 조립되지 못할 것이다. 따라서 일본의 저명한 통계학자인 다꾸지는 비록 규격범위 내에 들어간다 하더라도 규격중심에 정확하게 일치하지 않는다면 손실이 발생한다는 새로운 접근방법을 개발한 바 있다.

(5) 내구성(Durability) : 내구성은 제품의 수명으로 측정된다. 즉 내구성이란 제품이 보수의 단계를 지나서 교체를 하지 않으면 안 될 시점에 이를 때까지의 총사용량이라고 정의 될 수 있다. 이러한 내구성은 신뢰성 및 서비스성과 밀접한 관계를 갖고 있다. 제품수명(내구성)의 연장은 기술의 발전이나 사용재료의 개선 때문이기도 하지만 그보다도 사용 환경의 변화 때문이라는 사실을 간과해서는 안 된다. 최근 구조물 평균 수명이 증가하는 것은 물론 재료 및 시공 기술혁신 때문이기 하지만 유지관리 상태가 좋아지는데도 그 원인이 있다.

(6) 서비스성(Serviceability) : 서비스성이란 보수의 신속성·편리성 등을 말한다. 고객들은 제품의 고장발생 자체뿐만 아니라 보수에 소요되는 시간, 보수요청이 한 번에 완벽하게 처리되지 못하는 빈도 등에 대해서도 관심을 갖는다. 구조물에 대한 보수요청이 신속·정확하게 처리되지 못하여 고객의 불만이 쌓이게 되면 제품 및 서비스의 품질에 대한 평가가 상당한 영향을 받게 되는 것이다. 따라서

향후 이러한 제품 서비스성을 고려한 제품생산이 품질을 결정하게 된다.

(7) 심미성(Aesthetics) : 심미성이란 제품의 외관·촉감·음질·맛·향기 등에 대한 개개인의 취향을 반영하는 것이다. 따라서 심미성은 개인의 주관적인 판단의 품질 문제라고 볼 수 있다. 예컨대 창문틀의 경우 품질을 향상시키기 위하여 색상 촉감을 개선한 재료들이 많이 적용되고 있는데, 이들은 개인의 선호도에 따라서 각기 틀리게 느껴질 수 있을 것이다.

(8) 인식성(Perceived Quality) : 인식성은 품질의 인지도라고 말할 수 있는데, 이것은 품질의 명성과 관계가 깊다. 즉 소비자들이 제품 및 서비스의 속성에 대하여 항상 완전한 정보를 가지고 있는 것은 아니다. 경우에 따라서는 품질자체보다 상품의 이미지·광고·브랜드 등이 품질에 더 큰 영향을 줄 수 있다. 예컨대 각 건설회사마다 ISO인증서를 광고하고, 소비자 단체 및 관련단체의 품질에 관련한 상을 수상하고 또 이것을 과대 광고하는 것은 성과(명성)가 높은 제품은 소비자들이 일단 호감을 갖고 수용하는 경향이 많기 때문이다.

어느 한 제품이나 서비스에서 이 요소들을 모두 반영할 수는 없다. 기업이 이들 모두를 동시에 추구하려면 막대한 비용을 치러야 할 것이다. 설사 경제적인 문제가 해결된다 하더라도 기술적인 어려움은 여전히 남을 것이다. 그러므로 관리자는 이들을 선택적으로 관리해야 하는데, 한 가지 요소의 개선을 추구하면 다른 쪽 요소가 희생될 수 있기 때문에 여기서 이른바 전략적 품질경영의 개념이 요구되는 것이다.

2) 서비스 품질의 결정요소

앞에서 설명한 제품 품질의 결정요소는 주로 유형의 제품품질과 관계가 있다. 그러나 최근 서비스 품질에 대한 관심이 높아지면서 무형의 서비스 품질의 속성을 규명하려는 경향이 나타났다. 베리(L. Berry), 파라슈라먼(P. Parasuraman), 자이타믈(V. Zeithaml) 등은 경영진과 고객들과의 면접조사를 통하여 서비스 품질의 10가지 속성을 도출하였다. 이 10가지 속성은 가빈(Garvin)이 제시한 품질의 8가지 요소를 잘 보완하고 있다.

(1) 신뢰성(Reliability) : 업무수행의 일치성, 확실성 및 정확성을 뜻한다. 즉 적절한 시기에 적절한 서비스를 수행할 수 있는 능력이라고 할 수 있는데, 이는 약속한 것을 차질 없이 정확하게 이행하는 것을 말한다.

(2) 대응성(Responsiveness) : 서비스를 기꺼이 제공하고자 하는 직원들의 자발적

인 의지와 준비태세 등을 뜻한다. 예컨대 “대응성이 좋다”고 하는 것은 하자 발생된 제품(구조물)에 대해서 신속한 보수가 이루어진다든지 또는 사용자의 질문에 대하여 담당직원이 친절히 즉시 답변해 주는 것과 같은 것이다.

(3) 적임성(Competence) : 이것은 직원들의 자격요건으로서 이를테면 서비스를 수행하는데 필요한 자질과 식견을 갖추고 있는가를 뜻한다. 예컨대 하자보수요원은 고장난 제품을 올바로 수리할 수 있는 능력을 갖고 있어야 한다.

(4) 근접성(Access) : 이것은 고객이 서비스 요원을 언제라도 쉽게 접촉할 수 있어야 한다는 것(즉 접촉의 가능성과 접촉의 용이성)을 뜻한다. 가령, 급수, 도시가스 서비스센타는 교통이 편리한 곳에 자리잡고 있어야 한다든지, 또는 24시간 통신이 가능한 상태에 있어야 하는 것 등이 예가 될 수 있다.

(5) 예절성(Courtesy) : 이것은 일선근무자의 친절하고 공손하며, 예의바른 태도를 일컫는다. 가령 하자보수 직원들의 상냥한 태도라든지, 사용자에 대한 정중한 태도 등이 여기에 해당된다.

(6) 전달성(Communication) : 서비스요원은 고객의 말을 귀담아 들어야하며, 각계각층의 고객에게 알아들을 수 있는 말로 의사전달을 해야 하는 것을 말하다. 예컨대, 보일러 서비스 요원은 전문용어를 쓰지 않고 사용자에게 하자 발생원인을 이해하기 쉽게 잘 설명해야 하는 것 등이다.

(7) 신용성(Credibility) : 이것은 서비스요원의 진실성·정직성·신뢰감 등을 말한다. 이를테면, 그 회사의 평판이 좋은지 또는 그 회사의 광고와 서비스 내용이 일치하는지와 같은 것이다.

(8) 안전성(Security) : 이것은 위험이 없고, 의심이 가지 않는 것을 말한다. 가스보일러가 안심하고 사용될 수 있다든지, 또는 서비스요원의 성품을 믿을 만하다던지와 같은 것이다.

(9) 이해성(Understanding the customer) : 이것은 사용자의 욕구를 이해하려고 노력하는 것을 말한다. 즉 고객의 특정 요구조건을 알아보고 개인사정을 배려하여 관심을 갖는 것이다.

(10) 유형성(Tangibles) : 이것은 서비스의 조성재화를 말한다. 특히, 물리적 시설·장비·도구 그리고 서비스 요원의 용모·복장 등이다. 가령 서비스 요원들이 사용하는 도구들이 시대에 뒤떨어진 것이 아닌지, 또는 서비스 요원의 복장은 깨끗한지 등과 같은 것이다.

이상에서 보는 바와 같이 품질의 구성요소는 너무 복잡하고 또한 서로 중복되는 것이 많다. 따라서 건설품질관리는 이러한 품질요소를 바탕으로 생산자와 프로젝트의 특성에 적합한 적정한 품질관리기법을 적용하여 고객이 만족하는 제품을 생산하기 위한 품질관리가 이뤄지는 것이 중요하다고 하겠다.

2. 품질관리의 정의

2.1 관리(MANAGEMENT)에 대하여 ; 경영(MANAGEMENT)과 의사결정

건설사업과정은 다단계이며 복합공정이고 인력과 물자, 비용과 시간투자가 많다. 이러한 요소와 변수를 관리하기 위한 경영(MANAGEMENT), 즉 관리는 프로젝트 수행과정에서 최적의 해결책을 얻기 위해, 효율적인 의사결정을 위해 과학적 논리적 사고체계를 가지고, 리스크를 최소화하며 시행에서 → 종결까지 접근방법론으로 LOGIC을 세워 철저히 수행하고자 함에 있다. 이 사업수행 과정을 체계에 따라 절차와 지침을 정리 후 순차적으로 구성하여 사전예측과 사전관리를 통해 불확실성을 가시화하며 차근차근 처리해나간다면 업무를 안정적으로 검증하며 수행하는 것이 가능 할 것이다.

미래에 일어날 일을 사전에 미리 예측할 수 있다면 얼마나 좋을까! 회사일이나 사업에서도 앞을 예측한다는 것은 굉장히 중요한 일일 것이다. 가장 적은 투자로 가장 많은 효과(부가가치, 창조가치)를 낼 수 있다면 얼마나 좋을까? 우리가 관리에 대해 알고자하는 목적이 여기에 있다.

품질관리도 관리(MANAGEMENT)의 일환으로 목표한 품질을 오류없이 완성하기 위해서 접근방법론과 LOGIC을 세워 건축과정에 체계와 절차와 지침을 정하여 사전예측과 가시화를 통해 Step by step으로 점차적으로 검증하며 목표한 품질을 완성하고자 하는 것이 품질관리의 취지이다. 즉, 품질관리는 프로세스와 시스템을 정리하여 건설하는 과정에서 적합한 의사결정으로 효율적인 단계로 품질관리하여 목표품질을 완성하는 것이다. 본 저의 설명들도 이러한 과정들을 품질인식을 위해 예시적으로 제시하며 설명하고자 한다. 그리고 품질을 완성하는 과정에도 인력과 물자와 비용과 기술, 시간이 투자되는 건설과정으로, 이에 대해 계획하고, 조직하고, 투입, 지원, 수행, 관리하는 기법이 필요하며, 이들 관리시스템의 관리참여와 운영하고 지원(협력, 동원)하는 규모에 따라 구분하여 QM, TQC, QC 등으로 구분하여 설명되어지고 있다.

2.2 품질관리의 정의 모음

품질관리에 관한 정의를 정리해 보면 다음과 같다.

(1) 품질에 대한 요구사항을 충족시키는데 사용되는 운영기법 및 활동들

(2) 기업에서 수요자의 요구에 맞는 제품을 경제적으로 생산하기 위하여 통계적인 수단을 활용하여 제품의 품질분석, 기술검토 등을 하는 과학적인 관리체계, 또는 그러한 활동들

(3) 건설공사에서 품질에 영향을 미치는 요소는 인력, 자재, 공법, 자금 등이 있는데 이러한 생산수단으로 빠르게(공정관리), 좋게(품질관리), 안전하게(안전관리), 값싸게(원가관리)라는 공사수행 목적을 달성하려고 노력하는 것이 각종관리의 目的이고, 이들 중 "좋게"에 초점을 맞추어 관리하는 것을 품질관리라 할 수 있다. 즉, 품질관리는 발주자의 요구에 맞는 품질을 경제적으로 만들어 내기 위한 모든 수단과 체계이다.

(4) 우리는 『품질이란 무엇인가?』 『관리란 무엇인가?』하는 것에 대해서 살펴보았다. 이것을 합치면 자연히 『품질관리는 무엇인가?』에 대한 해답이 될 것이다. 품질관리의 목적은 『고객이 요구하는 품질(그것은 단순한 품질시방만이 아니라 제품의 기능, 수명, 사용의 경제성 및 안전성, 서비스 등을 포함한 광의의 품질을 말한다)을 확보할 수 있도록 기업의 품질목표를 정하고 이것을 합리적이고 또한 경제적으로 달성하는 것이다.』 좀 더 단적으로 말하면 『고객이 필요로 하는 품질의 물건이 적당한 가격으로 안전하게 고객의 수중에 들어가도록 계획되고 제조되고 판매되고 있는가? 어떤가를 살펴 그 목적이 달성되도록 노력해 나가는 것.』 이것이 품질관리라고 할 수 있다.

(5) KS A 3001의 정의 : 수요자의 요구에 맞는 품질의 제품(서비스)을 가장 경제적으로 만들어 내기위한 모든 수단의 체계적 품질관리를 요약해서 QC라고 한다. 또, 근대적인 품질관리는 통계적인 수단을 채용하고 있으므로, 특히 통계적 품질관리(SQC)라고도 한다. 품질관리를 효과적으로 실시하기 위해서는 시장조사, 연구 개발, 제품의 기획, 설계, 생산준비, 구매, 외주제조, 검사, 판매 및 에프터 서비스, 재무, 인사, 교육 등 기업활동 전체 단계에 걸쳐서 경영자를 비롯하여 관리자, 감독자, 작업자 등 기업전원의 참가와 협력이 필요하다. 이와 같이 하여 실시되는 품질관리를 전사적 품질관리(CWQC : Company Wide Quality 또는 종합적 품질관리(TQC : Total Quality Control)라 한다.

(6) Deming의 정의 : 통계적 품질관리란 최대로 유용하며, 구매자가 있는 제품을 가장 경제적으로 생산해 내기 위해, 생산의 모든 단계에서 통계이론과 기법을 응용하는 일이다.

(7) Juran의 정의 : 품질관리란 품질규격을 설정하여 이에 도달하기 위해 사용하는 모든 수단을 말한다.

(8) Feigenbaum의 정의 : 종합적 품질관리(TQC)란 고객에게 충분한 만족을 줄 수 있도록 생산과 서비스를 가장 경제적인 수준에서 실시하기 위하여, 기업의 각 부문의 품질개발, 품질 유지 및 품질개선 업무를 총괄 하는 효과적 시스템이다.

2.3 품질관리의 목적

건설공사의 품질관리 목적은 합리적, 경제적, 내구적인 구조물을 만들어 내는 것으로 소정의 품질을 확보하고 품질을 종래 보다 향상 개선하며 또한 편차를 적게 하고 균일한 품질을 유지함으로서 실수, 손실, Claim등을 방지하여 품질에 대한 신뢰성 증가와 원가절감을 도모하는데 있다.

2.4 품질관리의 진행절차

품질관리를 체계적으로 수행하기 위해 각 단계마다 반복적용 되는 과학적 접근 사고 체계. 즉, 프로세스이다.

계획(PLAN)	설계도서검토. 품질관리계획서 작성. 품질시험계획서 작성
⇩	
실행(DO)	품질관리계획서 이행. 품질시험계획서 이행
⇩	
검토(CHECK)	품질관리, 시험계획과 실행을 비교, 평가
⇩	
조치(ACTION)	검토 결과로부터 이상 원인 배제 및 조치

2.5 품질관리의 중요성

기업은 이익을 내지 못하면 존립할 수 없다. 이익을 내기위해서는 다음과 같은 방법이 있다.

(1) 판매가를 올린다.
(2) 대량 생산으로 양산효과를 얻는다.
(3) 원가절감을 한다.

이 세 가지 방법 중 외부환경이나 경제여건 등에 관계없이 기업이 꾸준히 진지하게 노력해야 할 항목은 (3)항이다.

품질관리의 효과를 정리하면 다음과 같다.

(1) 원가절감 : 불량품이 줄어들고 품질이 안정됨으로써 가동률은 향상되며 사용재료도 적게 든다.
(2) 납기 지연의 방지 : 품질이 안정되어 생산계획을 세우기 쉬워지고, 불량에 의한 지연이 없어진다.
(3) 표준화에 의한 합리화 : 품질수준을 규격화함으로써 표준화가 진전되기 때문에 재료의 재고는 적어진다.
(4) 검사비용의 삭감 : 품질이 안정되면 검사능률이 올라가고, 검사나 재검사 비용을 삭감할 수 있게 된다.
(5) 불량처리비의 삭감 : 불량을 절감함으로써 생산, 검사, 클레임 처리 등에 필요했던 인원과 비용을 삭감할 수 있게 된다.
(6) 작업의 합리화 : 품질관리를 추진해 가는 과정에서 제조, 검사의 작업개선이 진전된다.
(7) 직장의 사기앙양 : 품질관리 분임조의 활동을 통하여 작업자의 의식이 높아지고 직장의 모럴이 향상된다.
(8) 작업자의 기능 향상 : 불량퇴치 등 현실적인 테마를 중심으로 교육, 훈련을 해나가기 때문에 작업자의 기능이 향상된다.
(9) 기회손실의 방지 : 설비 등의 예방 정비를 철저히 함으로써 설비고장에 의한 손실을 막고 보전비를 삭감할 수 있다.
(10) 시장경쟁을 유리하게 전개할 수 있다.

이상과 같이 품질관리는 품질(quality), 원가(cost), 납기(delivery). 즉 Q, C, D의 향상을 가능하게 한다.

2.6 품질관리 범위

품질실현을 위한 준비시점, 관리시점과 내용 인식을 위한 정리

품질관리	초 기 단 계	중 기 (시공단계)	후 기
관리과정	기획, 설계단계	생산 및 제조단계, 현장관리단계	유지관리
관리대상	조사기획서, 설계도, 시방서, 계산서	재료 및 자재(레미콘, 단열재, 마감재 등) 시공과정(흙막이, 골조, 방수, 마감공사 등) 인력의 숙련도관리(계약 시부터)	AS
관리행위	품질기준이 규정되고, 설정되는 단계로 사전 조사와 설계관리	구매 시 재료 및 자재선정요청과 시공 시 시공계획서, 시공상세도, 검측체크리스트를 사용하여 품질완성을 위한 생산시공과정을 관리	하자관리 등
설 명	구조물의 강도와 기능 설정이 되어 마무리에 영향을 주는 디자인 결정단계	설계단계에서 설정된 기준치(설계도서)를 근거로 시공 시 동등이상의 시공이 되도록 자재와 인력과 시공과정들을 관리하며 점진적으로 품질을 완성해감	기능과 아무림 등 미비부분 사후 보완 시공
성 과 품	기획서, 설계도서	시공과정 관리문서, 완성 건축물	

3. 단계별 품질관리

품질관리는 모든 사업의 계획단계에서부터 시작하여 공사의 전 과정을 거쳐 발주자가 시설을 사용할 때까지 계속된다.

3.1 건설과정의 이해

여기에서는 건축물을 완성하기 위한 건설과정의 이해를 통해 품질관리의 과정이 어떻게 연계되어 인식되고 관리해야 하는지를 알아보고자 한다. 아래의 표는 건설과정(단계)과 업무내용에 대한 정리한 표이다.

CM의 5단계	pre-design	design phase				procurement	construction	post -construction
	설계이전 단계	설 계 단 계				조달단계	시공단계	시공이후단계
구분	PROJECT 발주	설 계 진 행 단 계				시 공 단 계		사후관리단계
업무 구분	<기획 ; 기본계획>	<	기본설계	>	실시설계	공사발주, 조달, 시공, 시운전, 완공		유지보수 (사용관리)
	PLANNING	CONCEPT ; BASIC DESIGN	SCHEMATIC DESIGN	DESIGN DEVELOPMENT	CONSTRUCTION DRAWING	BIDDING / CONSTRUCTION		maintenance
업무 내용	•PROJECT의 구상, 발굴, 제안 •자료조사 / SURVEY •사업타당성 조사 •부지매입 •사업비조달 계획 •사업계획 작성 •설계지침작성 •용도, 기능, 사업규모, 기간, 건축물의 요구사항 등 •기초조사 보고서 작성	•설계지침 검토 •자료조사 / SURVEY •대지분석 •법규검토 •기능분석 / 동선계획 •세부 규모 산정 •배치계획 •SPACE PROGRAM •ONE LINE SKETCH 도면	•설계대안 작성 및 분석 •계획안 결정 •계획설계 도면작성 -평면, 입면, 단면, 재료 마감등 -투시도, 모형제작	•협력설계사 와의 협의 -구조시스템 -기계전기, -소방, 토목, 조경 등 •계획안 보완 -기본설계도 작성	•실시설계도 작성 -건축, 구조, 기계, 전기, 소방, 토목, 조경 도면 등 •구조계산 •부하계산서 작성 •인허가 등 / 대관업무 •설계내역서 작성 •기타특수 설비도서	•입찰공고 •입찰 / 계약 •시공사 선정 -시공기간,공사비확정 •착공준비 •건축물의 시공 •공사감리 •중간검사 •건물완공 / 시운전 •사용승인 후 입주 -수익용도 건축물 경우 •모델하우스건축 •분양		•사용 •운영 •유지관리 (건축물의 완성은 ORDER MADE 임)
품질 관리	- 목표품질이 설정되는 단계 - 목표품질을 설계도서로서 가시화해 구체적으로 규정하고 구현하는 단계 - 비용, 공기, 품질에 관련하여 결정의 영향력이 큰 설계단계에서 검토, 반영 관리하는 것이 중요 함					- 설계도서에 의해 규정된 목표품질을 시공을 통해 건축물로 완성하는 단계		- 사후관리를 통해 품질에 대한 사후보증을 해주는 단계

품질관리의 연관내용은 위 표 하부를 참조바라며 단계별 업무내용을 요약해 보면 아래와 같다.

(1) 기획(계획)단계 : 사업계획의 수립·타당성분석 평가·투자 의사결정 등을 통하여 최적의 사업 대안이 선정되도록 발주자에 조언함과 금융조달 지원

(2) 설계단계 : 사업지침에 맞는 설계와 설계도서의 기술적 검토·Value Engineering 등을 통하여 최적의 설계와 사업비 산정, 이에 따른 사업관리계획 수립

(3) 구매단계 : 구매물자의 조달계획과 구매, 그리고 그에 따른 관리

(4) 시공단계 : 공사계획과 과학화된 공정, 원가, 품질, 안전, 계약관리를 통하여 시공과정을 완벽하게 관리함과 동시에 적기에 적정비용이 투입되고 적정품질을 가진 목적물 완성과 준공

(5) 유지보수단계 : 기능유지와 보존, 내구성 향상을 위한 유지관리지침을 통한 최적상태 유지

3.2 프로세스(Process)의 인식 ; plan, do, check, action

품질관리행위에서 순차적으로 연관되어 전후관계와 상호작용하며 과정적 연속성을 가지고 관리해가는 과정과 대비해 프로세스의 의미를 알아보고자 한다.

(1) 문제의 해결과정인 프로세스란 결과를 성취하는 연속적인 행위를 뜻하고, 입력(inputs)을 받아서 그것을 출력(outputs)으로 변환하는 어떠한 활동도 프로세스라고 볼 수 있다. 사업수행과정에는 각 작업마다 연관성을 가지며 연결되어 있고, 과정마다에서의 성과, 즉 출력은 다른 프로세스의 입력이 되고, 선행작업의 출력물은 후속작업에 상호의존적으로 관계되어 영향을 주기 때문에 이들 하나하나의 실패나 오류는 사업결과에 문제성(결함)을 발생시키므로 사전에 발견하여 개선해야 한다. 그리고 명확한 결과를 위해 이 단계적이며 연속된 작업들을 거치며 사업(품질)은 점진적으로 그 성과물이 축적되어 완성되어져 간다. 이를 위해 각 프로세스의 의도된 목적을 만족시키도록, 요구사항을 충족시키기 위해 계획하고 실현하며 측정, 감시, 개선하는 지속적인 노력을 하여야하며, 시스템을 구축하고 문서화하고 실행하고 유지하고 또한 지속적으로 개선하여야 일과 병행된다.

(2) INPUTS → TOOLS & TECHNIQUES → OUTPUTS 의 순차적 연결적용과정을 거치며 전후단계와 상호작용하며 과정적 연속성을 가지고 문제해결 완성해감 - 계획, 조직, 시행, 현황파악, 조정통제의 사고의 틀을 가지고, 사람에 의해 실행되며, 제한된 자원(limited resource)에 의하여 한정(constrain)되고, 계획(plan)되고 실행(execute)되고 또한 제어(control)된다.

(3) 품질이란 용어에 내포된 구성인자의 바른 인식하에 목표품질을 설정, 규정하고 체계와 절차를 세워 이 품질요소를 이루기 위해 검증 완성해가는 관리과정의 인식과 필요성

[방법론] ; 참고로 문제해결 방법론이란 무엇일까를 정리해보면

(1) 최근의 건설이나 정보시스템은 복잡화, 대형화, 전략정보시스템화로 발전해 오면서 과거의 개발방식인 무(無)방법론, 주먹구구식, 가내수공업형으로는 대응하기가 매우 어려워졌다. 이에 대응하기 위한 방법론이란 '일반화된 수행절차 및 수행 과제들의 처리과정의 모음들'이라고 정의할 수 있다.

(2) 방법론에 의한 업무수행과 방법론이 없는 업무수행은 무엇이 다를까?
전자를 체계적이라고 볼 수 있다면, 후자는 '주먹구구식'이라고 봐도 될 것이다. 과거에 방법론이라는 개념이 존재하지 않았던 시절에는 모든 업무가 '사람에 종속적'이었다. 즉 '개인적인 경험과 기술'에 의존적이었다. 하지만 다음과 같은 경우는 어떨까요?
업무의 모든 사항들이 일반화된 절차로 단계별로 체계적으로 문서화되어 있고, 각 단계별로 어떠한 활동들(activity)을 해야 하는지가 세분되어 있으며 각 활동들에 따른 예상 결과(산출물)들이 모두 문서로 기술되어 있다면? 그 업무에 누가 투입되느냐에 관계없이 '일정한 수준의 질(quality)'가 보장될 것이다. 물론, 그 업무를 이미 몸으로 체득하고 있던 사람보다는 질이 떨어지겠지만, 그 사람이 없는 상태에서 다른 사람이 처음부터 주먹구구식으로 시작하는 것보다는 훨씬 질이 높을 것이며 '예상 가능한 일정 수준 이상의 결과'를 낼 수 있을 것이다.

(3) 그리고 최근의 컴퓨터와 인터넷 등 정보화를 활용하여 작업방법이나 절차, 체계, 산출물, 기법 등을 논리적으로 정해놓은 체계를 만들어 정보화 시스템을 구성하여 정보의 교환 및 품질관리활동에 사용한다면 업무수행에 효과적일 것이며, 이러한 행위들이 형식적 요식적으로 흐르지 않고 계획서에서 현장세부 실무까지 적용되고 활용될 때 그 효과는 증대될 것이다.

방법론이 존재한다면 "누구나 그 업무에 투입되어서" "예측가능한 일정 수준 이상의 결과"를 만들어 낼 수 있으며 "훨씬 더 빠른 속도로 그 업무에 숙달할 수 있다"는 장점이 있다. 이것은 대단한 차이가 있다. 방법론이라고 해서 개념적으로만 존재하는 '이론'만은 아니다. 작업과 절차에 대한 명확한 문서화가 뒷받침되어야 한다. 단, 단순한 '업무 기술서' 수준의 문서는 결코 아니고, 광범위하게 적용될 수 있는 '일반화 된' 절차이다. 그 정도는 방법론들에 따라 차이가 크고 다양할 것이다.

그리고 방법론에도 여러 가지 종류가 많이 있다. 각 회사마다 나름대로의 방법론을 개발 및 보유하고 있으며, 업무 특성에 따른 방법론들도 존재할 것이다.

3.3 시스템(System)의 인식

시스템적 사고와 업무수행 시 전체와 부분의 연관 이해 중요 / 품질관리시스템

(1) 시스템 인식이란 사업관련 대상요소들을 유기적으로 조직화하는 사고 작용을 인식하는 것으로, 복잡하고 복합적인 사업과정을 체계적으로 조직 구성하여, 구성된 절차에 따라 차근차근 수행하면, 점진적으로 결과물이 완성되며 사업의 목적물을 이룰 수 있다는 생각에서 출발한다.

- 건설사업과정에서 의사결정과 문제해결을 위한 사고 작용을 인식하기 위한 시스템개념은, 부분적 요소가 결합하여 상호작용을 하는 유기적 조직체를 시스템이라고 하며, 시스템적 사고(systems thinking)는 부분보다 전체를 먼저 보고 아울러 부분과 전체의 조화와 균형도 함께 고려하는 사고방식이다.
- 시스템이란 명확한 목적을 위해 행위를 하며, 관련요소를 유기적으로 집합함으로 질서체계에 의하여 일정한 기능을 하도록 하는 것으로, 문제해결을 위해 조직화하는 사고 작용을 이용한 관련된 각 계통들의 균형적이며 체계적인 조직방법이다.

(2) 건설과정에서 품질관리활동은 품질의 목적물(건축물)을 완성하기 위해 재료(물자, 자재), 인력, 시공기술, 장비, 자금, 시간 등을 투입하여, 이들을 계획, 조직, 역할분담, 협력, 지원, 실시, 완성해 가는 과정이다. 이 다단계이고 복잡한 업무를 시스템적으로 유기적으로 조직하여 부분과 전체를 고려하여 목표품질을 완성해갈 수 있도록 관리하고자하는 시스템적 인식이 필요하다.

좋은 재료, 좋은 숙련자, 관리자가 필요하며, 사전 철저한 시공계획을 하여 계획서대로 검증하며 수행해야 하고, 좋은 장비와 기계를 사용하여 시공생산의 정밀도를 높이고 이를 유지하기 위해서 검교정하여 기계기기의 정밀도를 유지시키며 목표품질을 점차적으로 완성해가야 한다. 이를 시공(생산)과정에 국한하지 않고 품질구성인자의 각 요소들을 각각의 건설과정에서 완성도를 높여 줘야 최종산출물(건축물, 제품)의 품질이 높아질 수 있다.

(3) 품질시스템 ; QM, QA, QC, TQC. ISO 등

- 품질을 완성하기 위해서는 품질담당자만의 국한된 업무가 아니며, 하나의 시스템이 되어서 움직여야 한다. 본사 + 설계자 + 시공자에 까지(시공사, 협력업체, 재료납품까지 시스템적 협력지원이 필요)
- 품질관리 참여의 범주 인식 ; 목표 품질을 이루기 위해 수행하는 과정에 프로세스를 일원화해서 움직이거나 작동해야하는 시스템규모의 범주 인식

3.4 단계별 품질관리

1) 품질실현을 위한 준비시점과 관리시점인식

CM의 5단계	pre-design	design phase				procurement	construction	post -construction
	설계이전단계	설 계 단 계				조달단계	시공단계	시공이후단계
구분	PROJECT 발주	설 계 진 행 단 계				시 공 단 계		사후관리단계
업무 구분	<기획 ; 기본계획>	<	기본설계	>	실시설계	공사발주, 조달, 시공, 시운전, 완공		유지보수 (사용관리)
	PLANNING	CONCEPT ; BASIC DESIGN	SCHEMATIC DESIGN	DESIGN DEVELOPMENT	CONSTRUCTION DRAWING	BIDDING / CONSTRUCTION		maintenance
품질 관리	- 목표품질이 설정되는 초기단계 - 목표품질을 설계도서로서 가시화해 구체적으로 규정하고 구현하는 단계 - 비용, 공기, 품질에 관련하여 결정의 영향력이 큰 설계단계에서 검토, 반영 관리하는 것이 중요 함					- 설계도서에 의해 규정된 목표품질을 시공을 통해 건축물로 완성하는 단계		- 사후관리를 통해 품질에 대한 사후보증을 해주는 단계

	초 기 단 계	중 기 (시공단계)	후 기
관리과정	기획, 설계단계	생산 및 제조단계, 현장관리단계	유지관리
관리대상	조사기획서, 설계도, 시방서, 계산서	재료 및 자재(레미콘, 단열재, 마감재 등) 시공과정(흙막이, 골조, 방수, 마감공사 등) 인력의 숙련도관리	AS
관리행위	품질기준이 설정되는 단계로 조사와 설계관리	구매 시 재료 및 자재선정요청과 시공 시 시공계획서, 시공상세도, 검측체크리스트를 사용하여 품질완성을 위한 생산시공과정을 관리	하자관리 등
설 명	구조물의 강도와 기능 설정이 되어 마무리에 영향을 주는 디자인 결정단계	설계단계에서 설정된 기준치를 근거로 시공 시 동등이상의 시공이 되도록 자재, 인력과 시공과정들을 관리하며 점진적으로 품질을 완성해감	기능과 아무림 등 미비부분 사후 보완 시공
성 과 품	기획서, 설계도서	시공과정 관리문서, 완성 건축물	

품질실현을 위한 건설단계를 구분해보면 위 표와 같이 기획 / 설계 / 구매(자재, 업무계약) / 시공 / 유지관리단계로 구분하여 단계별 품질관리를 고려 해볼 수 있다.

- 품질성취 수준에는 돈 + 시간 + 노력의 에너지 투자가 필요하고, 초기단계(기획, 설계단계)에서 적정품질의 설정(규정)이 중요하며, 초기관리 또한 중요하다.
  - 모든 것의 품질은 규정되어야 한다.(specified)
  - 시스템 부품들의 품질사양은 상호조화 되어야 한다.

- 규정된 품질은 최소한 사업의 요구조건에 합당한 수준이어야 한다.

① 목표품질의 계획(설정, 규정)단계 ; 기획, 설계단계에서 초기 품질관리
② 수행단계 ; 품질을 완성하기 위해서 물자, 인력, 기계, 기술을 투입하여 시공 생산하는 과정에서 품질관리
③ 품질을 유지하기 위한 사후관리 ; 하자관리, AS. 사후서비스로서 품질을 보증 해줌
- 두 번째 표는 품질관리 행위관련해서 간단하게 정리한 내용이다.

2) 고객과 품질관리

(1) 마케팅이란 고객 또는 일반소비자의 욕구를 탐색하고 욕구충족을 위해 재화나 용역을 생산자로부터 고객 또는 일반소비자에게 유통시킴으로서 조직의 목적을 달성하는 활동이라고 하였고, 또한 개인 및 조직의 목적을 충족시켜주는 상호교환을 창출하기 위해 이념이나 재화 및 용역의 창안, 가격결정, 판매촉진 및 유통을 계획하고 실행하는 과정으로, 이는 시장을 유지하고 형성시키는 것으로 고객(소비자, 수요자)이 있어야하고, 그 고객을 대상으로 상품을 만들고 팔아야한다. 건축물도 이와 마찬가지로 부동산공급자(건설사, 시행사, 개인, 중개사 등)가 부동산 고객(수요자, 가계, 회사, 관청 등)에게 부동산상품(주거용, 상업용, 업무용, 레저용 등)을 만들어 판매하는 것이다. 물론 판매는 하지 않지만 필요에 의해서 건축하는 공공의 건축물이나 자기의 건축물도 있지만.
- 이 판매를 위해서는 구매자 즉 소비자(고객)의 요구와 욕구를 충족시켜주는 것은 중요한 요소이며 마케팅의 중심은 이 소비자 중심적 사고에서 출발한다. 이 소비자의 욕구와 가격이 시장흐름의 지배요소를 이루며 이 고객에게 알맞은 부동산상품을 개발 유통시키는 생산(건축)상품의 종류, 규모, 구조, 수준, 가격, 구매시기 등을 결정하는 기본요소로 작용한다.

(2) 여기에서 마케팅에 대해 간단히 정리하는 것은 고객만족과 목표품질에 대한 인식을 생각해 보기 위해서이다. 초기단계에서 목표품질의 설정은 소비자의 요구를 수용해야하고, 여기에 회사의 브랜드나 방침 등에 따라 설정되어야 한다. 이를 설계단계에서 설계도서로 가시화하고 정확하게 구현해 주어야 시공단계에서 설계도서를 기준으로 시공 생산하여 건축물을 완성하므로 초기단계의 오류나 잘못된 방향선정은 사업 또는 건축물의 결과물 수준에 지대한 영향(실패, 결함 등)이 있는 것이다.

4. 품질관리 시스템

품질관리는 모든 사업의 계획단계에서부터 시작하여 공사의 전 과정을 거쳐 발주자가 시설을 사용할 때까지 계속되는데, 이에 관한 시스템적 품질관리에 대해 알아보자.

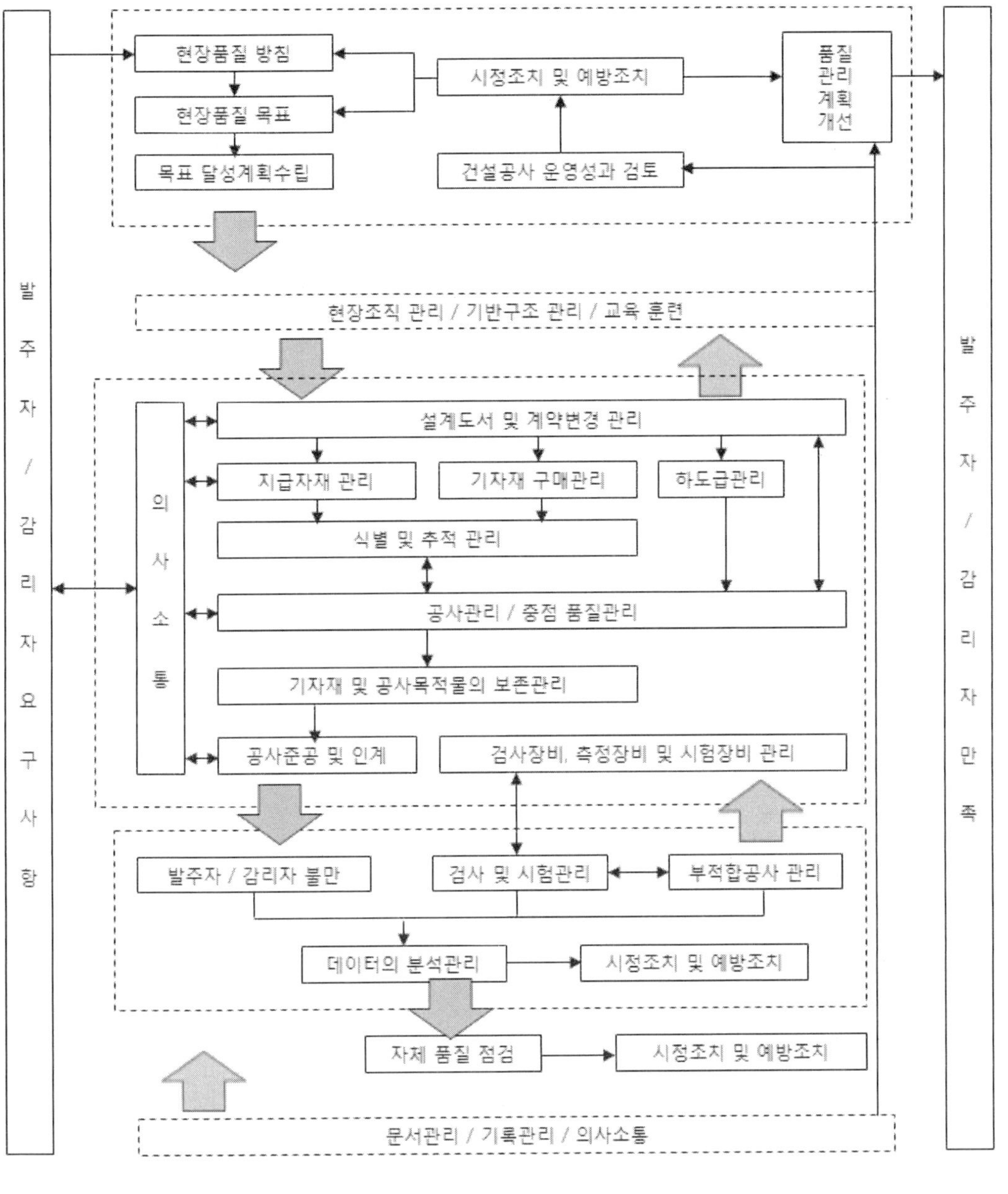

〈건설공사 품질관리 PROCESS〉

1) PROCESS ; Plan, Do, Check, Action(계획, 실행, 검토, 조치)

품질관리과정에서 일련의 연속된 반복과정을 거치며 개선하여가며 점진적으로 완성해간다. 즉, 계획하고 실행해보며 검토와 평가 조정을 하며 재시행을 하며 진행한다.

2) SYSTEM ; QC, QA, QM. TQC, SQC, ISO

앞에서 품질관리범위에서 살펴보았듯이 관리범위가 넓다. 영향력을 가진 자들인 경영자, 설계자, 구매자, 시공자 등과 초기단계에서 후기과정까지 광범위하므로 품질완성을 위하여 큰 맥락에서 전체와 부분의 상호연관성을 고려하며 품질완성이라는 일관된 생각을 가지고 절차를 정하여 문서화하여 보증하거나, 전체회사 차원의 지원, 협력하고 통계적도구들을 이용하며 품질관리를 조직화하자는 것이다.

- 건설공사의 품질관리의 목적은 합리적, 경제적, 내구성 있는 구조물을 만드는데 있다. 그러나 건설공사에 대하며 살펴보면 제대로의 품질관리를 이해하고 완전히 실시하고 있는 곳은 드물다. 각종 건설공사에서의 품질관리의 성패는 종전에 해오던 경험이나 관습에 따르는 주먹구구식 사고방식에 의해오던 시행방법을 탈피지양하고 원칙에 입각한 과학적 관리이행이 관건이라고 할 수가 있다. 그것은 수명과 경제성을 고려하여
  ① 주도면밀한 과학적 사전조사에 입각한 적합한 설계에 의하여
  ② 튼튼한 기초 위에
  ③ 우량한 재료를 적재적소에 선택 사용하고,
  ④ 과학적으로 품질관리하며 시공하여,
  ⑤ 시공 후에 적기 유지관리를 해야 한다.

3) 정리 ; 품질 시스템을 이해하기 위한 일반적으로 통용되는 정의의 정리

(1) Quality (품질) ; 예산, schedule, 기능, 적합성(fit), 마감(finish), 공공의 수용(public acceptance) 등과 같은 사업의 여러 가지 요구조건을 성취하는 것

(2) Quality objectives (품질목표) ; 사업의 계획, pre-design 및 설계단계에서 품질을 규정(specifying)할 책임은 건축가나 기술자에게 속한다. 품질에 대한 사양은 발주자의 요구조건과 욕구에 대한 그들 나름의 해석과 그들의 경험에 입각한 개인적 선호의 결과이고, 다음 3가지가 품질관리자 입장에서는 중요하다.

- 모든 것의 품질은 규정되어야 한다.(specified)
- 시스템 부품들의 품질사양은 상호조화 되어야 한다.
- 규정된 품질은 최소한 사업의 요구조건에 합당한 수준이어야 한다.

(3) Quality Control(품질관리) ; 인간, 시스템, 자재, 문서, 기술 등을 포함하는 사업의 구성요소가 도면, 시방서 및 사업요구와 적용하는 표준에 합치여부를 결정하기 위하여 검토, 증명(certification), 검사 및 시험을 계속 시행하는 것

(4) Quality Assurance(품질보증) ; Quality Control(품질관리)절차의 효과적 시행을 확인하기 위한 계획적 조직적인 방법을 적용

(5) Quality Management(품질경영) ; 품질을 획득할 수 있도록 사업의 자원과 활동을 조정하고 지시하는 정책과 절차를 계획, 조직, 집행, 감시 기록하는 과정

4) 용어 설명

(1) QC ; Quality Control, 품질관리

광의적인 품질관리란 조사·설계·시공 등 모든 공종에서 품질관리를 도입하여 관리하는 방법이며 협의적으로는 시공단계에서만 실시하는 관리를 말한다. 품질관리는 발주자의 요구에 맞는 품질의 제품을 경제적으로 만들어 내기 위한 모든 수단과 체계로서 근대적 품질관리는 통계적 수단을 채택하고 있다. 건설공사에서 품질관리 목적은 시방서나 도면에 명기되어 있는 품질규격을 충족시킴과 동시에 경제적으로 준공시키도록 모든 작업단계마다 시험을 실시하고 또는 문제점을 조기에 발견토록 하여 그 원인을 규명, 목표한 대로 공사가 진행되도록 조치하는데 그 목적이 있다.

(2) QA ; Quality Assurance, 품질보증

생산활동의 하나의 사명은, 정하여진 품질(목표품질)과, 정하여진 수량의 제품을, 정하여진 기간 내에 제작하여 발주한 자에게 납입하고 이들 제품을 통하여 사회에 이바지하는 데 있다. 여기에서 정하여진 품질이란 주문생산의 경우 계약서, 품질 시방서 등에 명시된 품질을 말한다. 이와 같이 정하여진 품질을 만족하는 제품을 발주자에게 제공하고 품질에 대하여 그 생산활동에 대해 문서화하여 제시하고 보증하며 책임을 가지고 이바지하는 체계적 업무활동을 품질보증(QA : Quality Assurance)이라고 한다. 구체적으로 다음의 세 가지 기본적인 생각에 따른다.

① 선별개념(검사관리)

좋은 물건을 제공하기 위하여서는 불량품이 건너가지 않도록 만들어진 물건을 선별하여 품질을 보증할 필요가 있다. 예를 들면, 물건을 롯트(Lot)에서 채취, 측정, 검사하여, 그 결과로부터 롯트 전체의 양부를 판정해서 좋은 롯트를 선별하여, 품질에 대하여 보증하는 것이다.

② 예방개념(품질관리)

좋은 제품을 제공하기 위하여서는 제품공정에서 불량품이 나오지 않도록 힘쓰고, 품질을 보증한다. 예를 들면 우량재료의 선택사용, 기계설비의 손질·점검, 정하여진 작업이 되도록 직원들을 교육 훈련하는 것 등이다.

③ 시정의 개념(신뢰성 관리)

고객에게 만족하는 물건을 사용하게 하기 위해서는 고객이 물건을 사용하는 단계에서 사후의 서비스(After Service)로서 품질을 보증하여야 한다. 이를 위하여 처음부터 고장이 나지 않도록 또는 수리, 보전이 잘 되도록 설계하는 것이 중요하다. 이 세 가지의 기본적 사고개념이 품질보증의 기본이여, 상대에 대한 품질보증뿐만 아니라 생산자에 있어서도 품질보증을 통한 이익확보를 가능하게 하는 기본이 원칙이다.

(3) TQC ; Total Quality Control, 종합적 품질관리

품질관리는 소비자가 만족하는 물품을 경제적으로 생산하는 것으로 소비자의 만족을 얻지 않고서는 그 물품은 팔리지 않으며, 기업도 이익을 얻을 수가 없다. 이것은 품질관리의 활동이 현장 부분뿐만 아니라 고객의 요망을 조사하는 단계로부터 제품이 고객의 손에 넘어가 충분한 효과의 역할을 하기까지의 모든 단계에서 하지 않으면 안 된다는 것을 의미하고 있다. 즉 영업으로부터 시작하여 기획, 설계, 기술, 구매, 검사, 판매, 애프터서비스 등 기업전체가 협력하여 품질관리 활동을 전개할 필요가 있다. 이와 같이 기업전체가 품질관리를 적용하여 가는 면을 강조한 것이 종합적, 전사적, 전원참가의 품질(TQC : Total Quality Control)이라 한다. 이와 같이 생각하면 품질관리는 기업경영의 그 자체이며, 전사적 협력과 이익을 만들어 가기위해 필요한 조건이 된다.

KS A 3001에 나타난 품질관리 정의에 따르면 수요자의 요구에 맞는 품질의 제품을 경제적으로 만들어 내기 위한 모든 수단의 체계라고 정의하고 있다. 수단의 체계라는 표현은 전사적 활동으로서의 시스템으로 각 부분 간을 핵심적으로 묶는 품질관리의 성격을 적절히 표현한 말이다.

(4) SQC ; 통계적 품질관리

발주자의 요구를 조사 연구하여 무엇을 만들 것인지를 정하면, 공정의 여러 조건을 고려하여 표준화하고 일정한 품질의 것을 시공하려고 노력하는 것이다. 그러나 같은 조건에 있어서 만들어진 품질이라도 반드시 꼭 같은 품질이 되지는 않는다.

예를 들면, 콘크리트 공사에 있어서도 콘크리트의 압축강도를 측정하였을 때 이 수치는 215, 218, 223kgf/㎠ 등으로서, 일정한 값이 되지 않는다. 즉 변동을 갖고 있다는 것을 말한다. 이와 같은 변동을 방지하는 데는 단지 시공조건을 표준화할 뿐만 아니라, 품질변동 요인을 조사하여 개선하지 않으면 안 된다. 이를 위하여 품질의 변동을 수치화 또는 수량적으로 나타내어 비교 검토하는 것이 필요하다. 이를 위해 만들어진 것이 통계적 품질관리인 것이다.

통계적 방법은 확률론이나 통계적 이론을 기초로 하고 있지만, 통계적 방법이나 통계적인 생각을 써서 변동을 올바르게 평가하고 옳게 판단하는 것이 중요하다. 어떤 물건을 전수 검수하여 우량품만을 나오게 하는 것도 하나의 품질관리이기는 하나, 이것은 경제적인 작업이 되지 못한다. '불량품을 제거한다'라는 생각보다 '불량품은 만들지 않는다'고 하는 예방사고가 중요하다. 이것을 통계적 품질관리(SQC : Statistical Quality Control)라고 하며, 품질관리활동에서 중요한 기법으로 활용되고 있다.

보다 합리적인 경영, 경제적인 생산이라고 하는 목적을 위해 새로운 체계하에서 요구에 맞는 품질의 제품을 경제적으로 만들어 내기 위한 수단으로 근래에는 통계적인 수단을 채용하고 있으며 이를 통계적 품질관리(Statistical Quality Control)라고 부른다.

(5) ISO ; 국제표준화기구

① ISO는 국제적으로 통용되는 규격 또는 표준종류를 제정하기 위한 국제기구의 명칭이다.

② ISO(국제표준화기구 ; International Organization for Standardization)가 기업의 품질보증의 평가시스템규격으로 제정된 것이 ISO9000s이며, 기업의 품질경영이 실행되는 것과 그 실행상황을 제3기관이 심사하여 합격한 기업이 3년 유효기간으로 ISO에 등록되는 시스템이다.

③ 건설사업의 ISO품질시스템 적용을 살펴보면 건설업은 장소, 목적, 공종, 공

기 등이 다른 산업과는 달리 생산거점인 현장은 항상 복수로 활동하고 있으며, 이들 모두가 1회성의 생산 활동을 한다. 현장에서는 하청자의 통합관리를 하며, 본사가 총괄관리를 한다. 이런 생산관리방식이 건설업의 특징이다. 건설업의 품질관리는 종래의 개별현장이 각각 실시하고 있었으며 본사조직의 역할은 미미한 것이 문제였는데, 이에 대하여 ISO규격은 건설업의 품질을 보증하기 위하여 전사적인 역할분담을 명확하게 하는데 의의가 있다.

④ ISO규격이 현장라인에 대하여 설정되는 역할과 요구사항은 설계, 계약, 구매, 공정관리, 검사, 시험, 보관, 인도, 부대서비스 등 건설업의 생산프로세스와 같다. 품질시스템의 핵심은 제품생산을 하는 생산 공정인데, 건설업의 경우 생산 공정이 1회성으로 되풀이되는 일이 없는 프로젝트형태로 시행되는 주문생산에 의한 것이 특징이다.

⑤ 생산프로세스는 일반적으로 현장의 개별생산 흐름에 비유되는데, 개별현장의 특정 고객에 대한 품질계획에는 일반적인 품질계획이 아닌 품질계획서로 ISO9001에서 설계품질계획서, 공사CM품질계획서, 시공품질계획서, 그리고 ISO9002에서는 시공품질계획서로 구성되어 있다. 품질매뉴얼의 작성방법과 내용, 구성 등에 대해서는 ISO에 의한 작성지침(ISO10013)이 규정되어 있다.

⑥ ISO9000 요건 이행의 구성 내용을 살펴보면

1. 경영책임
2. 품질시스템
3. 계약검토
4. 설계관리
5. 문서관리 및 자료관리
6. 구매
7. 고객지급품의 관리
8. 제품식별 및 추적성
9. 공정관리
10. 검사 및 시험
11. 검사, 측정 및 시험장비의 관리
12. 검사 및 시험상태
13. 부적합품의 관리
14. 시정 및 예방조치
15. 취급, 보관, 포장, 보존 및 인도
16. 품질기록의 관리
17. 내부품질감사
18. 교육훈련
19. 부가서비스
20. 통계적 기법

제 2 장

품질관리의 정리

1. 단계별 품질관리
2. 품질관련 계획서
3. 건설재료 품질시험
4. 통계적 관리기법

1. 단계별 품질관리

품질실현을 위한 건설단계를 구분해보면 기획 / 설계 / 구매(자재, 업무계약) / 시공 / 유지관리단계로 구분하여 단계별 품질관리를 고려해볼 수 있다. 품질성취 수준에는 돈 + 시간 + 노력의 에너지 투자가 필요하고, 초기단계(기획, 설계단계)에서 적정 품질의 설정(규정)이 중요하며, 초기관리 또한 중요하다.

- 모든 것의 품질은 규정되어야 한다.(specified)
- 시스템 부품들의 품질사양은 상호조화 되어야 한다.
- 규정된 품질은 최소한 사업의 요구조건에 합당한 수준이어야 한다.

① 목표품질의 계획(설정, 규정)단계 ; 기획, 설계단계에서 초기 품질관리

② 수행(시공)단계 ; 품질을 완성하기 위해서 물자, 인력, 기계, 기술을 투입하여 시공생산 하는 과정에서 품질관리

③ 품질을 유지하기 위한 사후관리 ; 하자관리, AS. 사후서비스로서 품질을 보증해줌.

설계나 시공단계에는 절차나 매뉴얼이 여러 가지 있으나 실제 품질과 품질속성 구현에 관한 주기는 적어 이에 대한 설명 위주로 기술하고자 한다.

1.1 설계단계

설계는 용역으로서 주로 고급인력들이 모여 협력하며 일하므로, 이에 대한 조직, 협조, 업무분장, 검토 등 설계절차 등을 논할 수 있으나, 여기서는 품질을 이루기 위한 내용 위주로 설명하고자 한다.

1) 품질의 기획단계와 설계단계

상품에 대한 목표품질을 설정하거나 규정하는 단계는 기획단계와 설계단계를 꼽을 수 있다. 이 단계는 상호보완적이며 상호 협력적이어야 한다. 마케팅 분석이나 사용자 분석에 의하여 시장조사 결과 상품에 대한 시장(고객)요구가 반영된 목표품질이 어떠한 것이며, 추진하는 자기회사의 여력이 반영되어 설정하고 규정되어야 한다.

예를 들어 아파트를 지어 분양하고자 할 때 그 지역에서 선호하는 몇 평형대, 3Bay

등 단위평면의 구성, 주방과 IT시설, 설비 등 시설규모나 수준, 인테리어 수준, 외관형태, 단지배치나 환경시설 수준 등 시장요구에 적정하고 차별화된 목표품질이 설정되고, 이를 설계단계에서 설계도면, 시방서, 계산서 등으로 가시화시켜 명확하게 구현하여 주어야, 설계 도서를 기준(근거로)으로 시공 생산하는 시공단계에서 오류나 결함 없이 목표품질을 완성할 수 있을 것이다.

2) 설계단계

기획의 구상이나 개발구상을 설계도서(도면, 시방서, 계산서 등)로서 구체적 구현하는 과정이다.

(1) 목표품질의 방침이 설계도서에 구현, 구체화 되어 규정되고 제시되는 단계로, 사업기획에 따라 구상되거나 제안된 가상 프로젝트를 설계도서로서 구체적으로 구현함으로 프로젝트를 가시화시켜주는 단계로 프로젝트(건축물) 목표품질도 설계과정을 통하여 품질이 규정되거나 가시화되는 과정이므로 요구된 품질의 속성을 잘 파악하여 올바르게 구현되어 제시되어야 한다.

(2) 설계단계에서 목표품질설정은 앞에서 품질정의(제품과 서비스의)와 품질속성, 즉 (강용미(强用美), 내구성, 기능, 유용성, 미적인 부분, 아무림 등)구성인자를 정의하였듯이, 이 구성인자 요소를 하나하나 구체화하여가는 과정으로 이 요소들의 완성수준을 검토, 보완, 개선하므로 설계단계의 품질관리는 이루어질 것이다.

(3) 그리고 설계단계의 품질관리는 설계도서의 완성도 수준과 시공생산을 위한 목표품질의 반영설정 과 수준관리로 구분할 수 있다.

3) 설계관련 용어의 정의

(1) 설계도면 ; 설계의 내용을 정해진 기호와 그림 등을 제도라는 기법을 사용하여 도면으로 가시화한 것으로, 그 종류로는 기본설계도, 실시설계도, 시공상세도 등이 있다.

(2) 설계도서 ; 설계도서는 설계도면, 공사시방서(특기시방서 포함), 구조계산서, 건축설비(기계, 전기)의 설계서(부하계산서) 및 관련서류, 토질 및 지질관계서류, 공사내역서 등을 말하며 공사계약서 등을 포함하는 경우도 있다.

4) 설계의 과정 ; 계획, 기본, 실시설계

(1) 계획설계 ; 사업 시행에 있어 주어진 조건의 만족을 위하여 시설규모 등을 도면으로 가시화 하는 설계

(2) 기본설계 ; 계획설계를 기본으로 관련된 조건을 종합적으로 체계화하여 목적물의 가치와 효용을 최대화시키기 위한 설계단계로서, 주로 경제성, 내구성, 구조형식, 필수적인 기능, 용도, 환경, 설비의 시스템구성, 법적 요구사항의 시설을 확정하는 단계의 설계도작성

(3) 실시설계 ; 기본설계도를 기초로 하여 공사를 실행할 수 있도록 상세도면을 포함하여 시공자에게 필요한 정보제공과 공사비를 산출할 수 있도록 하는 설계도 작성

5) 종합적 완성 ; 협력공종과 품질속성 인식

설계도서완성을 위하여 지원하고 협조하는 협력 공종은 건축설계, 구조설계, 기계, 전기, 소방, 토목, 조경도면, 흙막이 및 토질, 정화조설계 등 전문가 집단이 모여, 품질속성인 강용미(强用美), 즉, 내구성, 기능, 유용성, 미적인 부분, 아무림 등의 품질구성내용을 설계하고 규정하며, 서로 간섭관계 등을 검토하여 목표품질을 완성할 수 있도록 설계도서로서 품질을 종합적 완성을 할 수 있도록 구현하는 조직들이다.

6) 설계도서의 검토

설계내용의 검토와 설계도면 작성(표현형식) 검토로 구분, (관련 체크리스트는 지면관계상 생략 함)

구 분	검 토	비 고
설계내용의 검토	설계검토	
	설계도면의 검토	
	설계도서의 검토	
설계기준	설계도면 작성기준	
	시방서 작성기준	

(1) 설계내용의 검토

설계검토 ; 설계과정마다 주로 계획적인 사항을 검토한다.

① 법적 규정의 검토

② 규모, 미관, 내구성, 경제성 검토

③ 필요면적조정, 기능, 동선, 구조형식 등, 건축설비의 시스템사용에 적합한 시설 등의 적합성 검토

④ 사용자재의 검토

⑤ 환경조건의 검토, 즉, 자연환경조절과 설비적 환경조절 사항

설계도면의 검토 ; 계획적인 사항을 실제로 시공하기 위하여 구체적으로 작성한 도면을 검토한다.

① 시공성 여부검토

② 사용되는 자재의 적합성

③ 공종별 종합적인 유기적 관계 및 간섭사항 검토

④ 실제적으로 주어진 조건과 설계내용의 시공성

⑤ 설계내용의 누락, 오류 등 검토

설계도서의 검토

공사에 관련된 설계도서(설계도면, 시방서, 계산서 등 관계서류)를 종합적으로 검토하는 것을 말하며, 여기에서는 목표품질 구현이라는 관점에 맞추어 인식하기 바란다.

(2) 도면작성의 검토

도면표현에 관한 것으로, 도면은 건축에 필요한 정보를 사용자(건축주, 시공자, 자재업자 등)에게 제공하고 있으며, 잘 작성된 설계도면은 도면작성의 일관성유지와 그 구성방식에 체계가 있어야 함은 물론 각각 도면 내에 표현되어야할 사항이 누락됨이 없이 표현되어야 하고, 불필요한 표현으로 그 본질이 잘못 해석되지 않도록 작성되어야 한다. 즉, 도면에 필요한 정보가 간단명료하게 수록되고, 경제적이며 유연하게 전개되어 도면사용자가 용이하게 파악할 수 있어야 한다.

도면검토 시 이런 점을 염두에 두어야 하며 다음의 검토기준을 가지고 검토하도록 하자.

① 공사나 작업의 범위 및 수량이 명시되어 있는지
② 관련 엔지니어링 분야와는 잘 협의 조정되었는지, 도면과 시방서는 서로 일치하는지
③ 충분한 상세를 보여주고 있으며, 실제 적용이 가능한지
④ 합리적으로 연결되어 쉽게 찾아볼 수 있는지
⑤ 불필요한 중복이 없는지
⑥ 각 도면 및 도면구성이 도면작성 중 예상되는 변경 및 추가에 대하여 융통성이 있도록 한다.

보통 회사의 설계도면작성기준이나, 건교부의 건축물의 설계도서 작성기준, 모듈설계기준 등을 적용하여 작성한다.(건축법 제23조 제2항)

(3) 시방서(Specification)작성의 검토

시방서는 도면에 구체적으로 표현할 수 없는 내용을 글로서 기술한 문서로, 시방서에는 설계도에 작성되어있는 목표건축물을 완성하기 위해 필요한 인력, 자재, 공법, 시공지침, 시험에 대하여 품질지침을 상세하게 기술하여 시공 시 설계도서로 제시되어 있는 목표품질을 이룰 수 있도록 하여야 한다.
시방서 작성 시에도 시방서 내용 체계와 작성체계를 준수하며 작성하는 것이 바람직하다.

국내의 시방서 체계는 건설기술진흥법 시행규칙 제40조의 3의 개정을 통해 국내 시방서의 위계를 표준시방서, 전문시방서, 공사시방서로 정리되어 있고,

① 표준시방서는 ; 관리주체가 시설물의 안전 및 공사시행의 적정성과 품질확보 등을 위하여 시설물별로 정한 표준적인 시공기준으로서 발주청 또는 설계 등 용역업자가 공사시방서를 작성하는 경우에 활용하기 위한 시공기준이고,
② 전문시방서는 ; 시설물별 표준시방서를 기본으로 모든 공종을 대상으로 하여 특정한 공사의 시공 또는 공사시방서의 작성에 활용하기 위한 종합적인 시공기준이며,
③ 공사시방서는 ; 표준시방서와 전문시방서를 기본으로 하여 작성하되, 공사의 특수성, 지역여건, 공사방법 등을 고려하여 기본설계 및 실시설계도면에 구체적으로 표현할 수 없는 내용과 공사수행을 위한 시공방법, 자재의

성능, 규격 및 공법, 품질시험 및 검사 등 품질관리, 안전관리계획 등에 관한 사항을 기술한 시공기준이다.

설계도서 작성 시 특별(특기)시방서와 여러 표준시방서, 시공지침 등을 함께 적용하도록 하던 것에서 탈피하여, 공사시방서만 적용하도록 한다.
공사시방서는 표준시방서 등에서 필요한 내용을 발췌하여 해당공사의 특성에 맞게 편집, 수정하여 작성하도록 한다.
아직도 국내의 공사시방서 수준은 이전의 특별(특기)시방서 형태를 벗어나지 못하는 것 같다.

(4) 설계의 부실

- 설계의 부실원인

  설계의 부실은 목표품질완성에 영향이 큼

  ① 건축주의 무리한 요구
  ② 경제성에 치중
  ③ 단기일에 성과품 요구(설계기간 부족, 설계자료 부족)
  ④ 설계과정에서 부분별 전문기술자의 의견 충실도 문제
  ⑤ 설계용역비 문제점(작품성보다는 경제활동의 기업화)
  ⑥ 시공성을 고려하지 않음
  ⑦ 건축사사무소의 영세성, 관리자의 시스템적 기술적 관리능력 한계, 고급인력의 누수에서 오는 다양한 종류의 설계오류발생은 품질에 문제가 된다.

1.2 시공단계

시공단계는 재료, 인력, 시공생산 과정관리(체크리스트로 검증), 시공계획, shop drawing, 공종별 시공품질관리, 하자요소 제거, 협력업체의 최종시공과 품질 등을 설명하고자 한다.

(1) 품질완성을 위한 근거 ; 설계도면, 시방서, 계산서, KS기준, 공사 계약서 등

(2) 시공단계별 품질 확보 위한 절차

① 입찰과 자재 공급계약시 그 공종에 적정한 공사를 수행할 자격, 숙련공 보유와 동등이상의 자재가 공급되도록 한다.

② 시공생산 과정 중 품질확보위한 절차 및 검증 적정 여부 체크리스트 통해 확인

③ 시공계획서 ; 공사시작시의 공사방향을 설정하는 시공계획서와 단위 공종공사 시작 전에 준비하는 시공계획서의 구분 / 구성의 주요내용 정리와 샘플 제시 / 반복하자 줄이기 / 시공계획서에는 이렇게 하여 요구목표의 품질을 완성하겠다는 시공관리체계, 조직구성, 공사지침과 계획이 포함되고, 계획 후 실제 시공 시 이 시공계획서를 기본으로 실시, 검토, 검측하며 검증 수행함이 필요함.

④ 샵드로잉(Shop drawing)과 견본검사(Sample review) ; 면밀한 검토는 전문건설업자나 공급자로 하여금 규정된 품질수준을 준수하게 하는데 절대 필요하다.

⑤ 펀치리스트(Punch list) ; 완성된 부분의 공사 상태와 품질에 주목하여 공사의 검사를 실시하고, 교정을 요하는 아이템(Item)은 펀치리스트에 올려 시공자로 하여금 수정을 하도록 한다.

⑥ 공종별 시공 품질 관리 ; 각 공종 제 규정에 맞는 단계별 품질관리를 사전 Check List 및 Inspection Sheet를 통해 실시하고 자료화함.

⑦ 하자 요소 제거 ; 각 공종 공사 착수 전 타 공종과의 간섭 여부 확인 후 세부 샵드로잉을 통하여 추후 발생 예상되는 하자를 사전 예방함.

⑧ 협력업체의 최종시공과 품질 ; 시공단계별 품질 확보 위한 절차를 준수하고 실행하면 공사관리가 품질관리와 일맥상통하는 일환이 된다.

1) 시공단계 품질점검 업무 FLOW(현장 중심)

업무 FLOW		
협력회사 검측요청	담당기사 검측	공구장/감리 확인
작업 완료 후 협력회사 소장 및 책임자가 체크리스트를 작성하여 검측요청	체크리스트를 확인하여 동 담당자가 1차검측 실시 후 2차 검측 요청(H.P) (W.P 경우 공사담당기사가 후속공정 진행여부 결정)	1차 검측 확인 후 2차 검측 실시하여 후속공정 진행여부 결정

2) 용어정의

현장의 품질점검을 위하여 각 공종별 검사시점에 대하여 기술한다.

(1) 검사 : 제품이나 서비스의 특성을 측정, 조사, 시험, 계측하여 그 결과를 규정된 요건과 비교하여 합부를 판정하는 제반활동

(2) 시험 : 제품의 특성 또는 정해진 방법과 절차에 따라 조사하는 활동
(3) 중지점(HOLD POINT) : 지정된 권한권자 또는 검사자의 승인 없이는 작업이 더 이상 진행해서는 안되는 검사시점
(4) 입회점(WITNESS POINT) : 검사자의 입회검사가 필요한 공정 또는 작업

3) 공종별 검사계획

(1) 건축공사

검측세부공종	검 측 시 기	검측빈도		검 측 방 법	비 고
		매층	5층마다		
1. 가설공사 1) 매트및독립기초	• 위치측량 및 규준틀 설치완료 후		○	• 확인	
2. 지정및기초공사 1) 지내력 시험 (평판재하시험)	• 터파기 완료후 (기초저면이 흐트러지지 않은 상태)		○	• 전문업체 용역의뢰(입회확인 및 보고서 확인)	※ 1개동의 바닥면적이 넓거나, 지반이 불규칙할 경우 시험횟수 증가
3. 철골공사	• 공장 자재반입시 (볼트구멍천공후 STUD BOLT, PLATE • 용접후 용접사기량시험 (용접시)	○	○	• 전문업체 용역의뢰(입회확인 및 보고서 확인)	
4. 철근콘크리트 공사 1) 기초	• 기초 버림콘크리트타설 및 먹줄놓기 완료 후 • 철근배근 및 거푸집 설치완료 후 • 콘크리트 타설 과정 • 콘크리트 양생 과정 • 거푸집 제거 후		○	• 검측체크리스트 • 검측체크리스트 (지하주차장은 동당 및 일정구획) • 골조공사 공통 (기준층 참조) • 골조공사 공통 (기준층 참조) • 골조공사 공통 (기준층 참조)	※ 검측결과 합격이면 공사감리 중간보고서 제출
2) 지하층 바닥	• 철근배근 및 거푸집 설치완료 후	○		• 검측체크리스트	※ 지하주차장은 동단위 또는 일정구획

검측세부공종	검 측 시 기	검측빈도		검 측 방 법	비 고
		매층	5층 마다		
3) 지하층 벽체 4) 1층 바닥	• 철근배근 완료 후 • 벽체 거푸집 완료 후 • 철근배근 및 거푸집(벽 및SLAB) 설치 완료 후 (콘크리트 타설 전)			• 확인 • 확인 • 검측체크리스트	※ 지하주차장은 동단위 또는 일정구획
5) 기준층	• 바닥 먹메김 • 벽체 철근배근 완료시 • SLAB 철근배근 및 거푸집(벽 및 SLAB)설치 완료 시(콘크리트 타설 전) • 콘크리트 타설과정 • 콘크리트 양생과정 • 거푸집 제거	○	○	• 확인 • 검측체크리스트 • 검측체크리스트 • SLUMP시험, 공기량시험, 염분함량시험, 공시체 제작 입회 • 확인 • 확인	※ 5개층 마다 공사감리 중간 보고서 제출 ※ 거푸집해체 착수시점 확인
6) 지붕층 7) 한중 및 서중 콘크리트(특수 콘크리트포함)	• 벽체 및 SLAB철근, 거푸집 설치완료 후 • 철근 및 거푸집공사 완료 후(콘크리트 보양대책 완료 후)	○	○	• 검측체크리스트 • 검측체크리스트 (장기일기예보첨부)	※공사감리 중간보고서 제출
5. 조적공사	• 쌓기준비 완료 후(먹줄 놓기 상태 포함) • 쌓기 완료 후(문틀, 창틀 설치 후, 미장, 타일공사 전)	○	○	• 확인 • 검측체크리스트	
6. 석공사	• 시공준비 완료 후(먹줄 놓기 상태 포함) • 시공 완료 후	○	층별 해당 부위	• 확인 • 검측체크리스트	
7. 타일공사	• 화장실 벽타일 완료 후 • 주방 벽타일 완료 후 • 화장실 및 발코니, 현관 바닥타일 시공 전 (구배몰탈 시공 시) • 화장실, 발코니, 현관 바닥타일 완료 후	○	○	• 확인 • 확인 • 입회 • 검측체크리스트	

검측세부공종	검 측 시 기	검측빈도		검 측 방 법	비 고
		매층	5층 마다		
8. 미장공사 1) 시멘트모르터르 바름 2) 온돌바닥 미장	• 내·외벽 초벌바름 완료 후 • 내·외벽 정벌바름 완료 후 • 발코니, 복도두께 및 난간 주위 바름 완료 후 • 지하층 벽 및 바닥바름 완료 후 • 기포콘크리트 타설 시 • 온돌바닥 미장 전(엑셀배관완료 및 메탈라스 깔기 완료 후)	○	○	• 확인 • 확인 • 확인 • 검측체크리스트 • 확인 • 검측체크리스트 • 확인	※ 1개동을 분할한 경우 분할 검측
9. 방수공사 1) 시멘트액체방수 2) 아스팔트방수 3) 시트방수 4) 도막방수	• 액체방수 준비 완료 후 (청소, 파취작업 후) • 방수 시공과정 • 액체방수 완료 후(화장실전·후면발코니는 담수 48시간 경과 후) • 방수 준비 완료 후 (청소, 파취 작업 후) • 방수 시공과정 • 방수 완료 후(보호콘크리트 타설 전)	○	○	• 확인 • 입회 • 검측체크리스트 • 확인 • 입회 • 검측체크리스트	※ 일정구획 분리검측
10. 창호공사 1) 목재창호 2) 합성수지창호 3) 강제창호	• 문틀 및 창틀 설치 후 • 문짝 및 창짝, 창호 철물 설치 후 • 문틀 및 창틀 설치 후 • 문짝 및 창짝, 창호 철물설치 후 • 문틀 및 창틀 설치 후 • 문짝 및 창짝, 창호 철물설치 후	○	○	• 검측체크리스트 • 확인 • 검측체크리스트 • 확인 • 검측체크리스트 • 확인	

검측세부공종	검 측 시 기	검측빈도		검 측 방 법	비 고
		매층	5층마다		
11. 목공사	• 천정틀 시공시 • 목문틀 시공시	○	○		
12. 수장공사	• 천정틀 시공시 • 천정판 부착후	○	○		
13. 금속공사	• 발코니 난간설치 완료 후 • 계단 난간설치 완료 후 • 지붕 난간설치 완료 후	○	○	• 검측체크리스트 • 확인 • 확인	
14. 유리공사	• 유리끼우기 시공과정 • 유리끼우기 완료 후	○	○	• 확인 • 검측체크리스트	
15. 도장공사 1) 수성페인트 2) 목부 및 철부 조합페인트 3) 무늬코트 뿜칠 (계단실)	• 내·외부 바탕시공 완료 후 • 내·외부 초벌칠 완료 후 • 내·외부 정벌칠 완료 후 • 바탕 시공 완료 후 • 초벌칠 완료 후 • 정벌칠 완료 후 • 시공과정 • 시공 완료 후	○	○	• 확인 • 확인 • 검측체크리스트 • 확인 • 확인 • 검측체크리스트 • 확인 • 확인	
16. 가구설치공사 (주방가구, 수납가구)	• 주방가구 설치시(벽 고정각재 설치 완료 후) • 주방가구 설치 완료 후 • 신발장 및 각종수납장 설치 완료 후	○	○	• 확인 • 확인	
17. 도배공사	• 초배지 바름 완료 후 • 정배지 바름 완료 후 • 거실 온돌 마루판 깔기 전(바닥 균일 보수 후) • 거실 온돌 마루판 완료 후 • 계단실 바닥재 깔기 전 • 계단실 바닥재 완료 후	○	○	• 확인 • 확인 • 확인 • 검측체크리스트 • 확인 • 확인	

(2) 토목공사

검측세부공종	검 측 시 기	검측빈도	검 측 방 법	비고
1. 토공사				
1) 측량	• 대지 경계측량시	100%	• 입회	
	• 공사현황측량	100%	• 검측체크리스트	
2) 터파기	• 터파기	100%	• 검측체크리스트	
3) 되메우기	• 되메우기 전	100%	• 검측체크리스트	
4) 법면 보호	• 터파기과정	50%	• 확인	
5) C I P	• H-PILE 자재 검측	100%	• 검측체크리스트	
	• 굴토깊이 및 H-PILE 수직도	100%	• 검측체크리스트	
	• 철근 가공, 조립, 근입	100%	• 검측체크리스트	
	• CON`C 타설	100%	• 검측체크리스트	
2. 우·오수공사	• 맨홀설치 및 관로 기초시공 후	100%	• 검측체크리스트	
	• 관로부설 후	100%	• 검측체크리스트	
	• 관로 되메우기 전	100%	• 검측체크리스트	
	• 빗물받이 및 연결관 부설 후	100%	• 입회	
	• 맨홀뚜껑 설치 완료 후	100%	• 확인	
	• CC-TV 검사	100%	• 입회(전문업체의뢰)	
	• 수밀검사	50%	• 확인	
3. 포장공사				
1) 아스팔트 콘크리트 포장	• 경계석 및 L형측구 설치 후	100%	• 검측체크리스트	
	• 보조기층 다짐 완료 후	100%	• 검측체크리스트	
	• 기층 다짐 완료 후	100%	• 검측체크리스트	
	• 중간층 시공 전	100%	• 확인	
	• 중간층, 표층 시공 중	100%	• 입회	
	• 표층 시공 완료 후	100%	• 검측체크리스트 (사전)	
	• 감속시설 설치 및 주차선 도색완료 후	100%	• 검측체크리스트	
2) 보도포장	• 기타 시설물 설치완료 후	100%	• 확인	
	• 기초다짐 완료 후	100%	• 검측체크리스트	
	• 조립블럭 시공 완료 후	100%	• 검측체크리스트	
4. 조경공사				
1) 어린이놀이터	• 맹암거 시공 시	100%	• 입회	
	• 목재시설물 설치 후	100%	• 확인(규격)	
	• 기성제품 설치 후	100%	• 확인(규격)	
	• 모래 포설 후	100%	• 확인	

검측세부공종	검 측 시 기	검측빈도	검 측 방 법	비고
2) 조경 시설물	• 안내 시설물 설치 시	100%	• 확인	
	• 휴게 시설물 설치 시	100%	• 확인	
	• 바닥포장 시공 중·후 – 판석타일 포장, 로드목 포장	100%	• 확인	
	• 운동시설 설치 중·후	100%	• 확인	
	• 자연석 시공 시	100%	• 확인	
3) 수목식재	• 수목검사	100%	• 확인	
	• 수목 식재시	100%	• 입회(고무밴드, 비닐제거 확인)	
	• 지주목 설치 후	100%	• 확인	
	• 잔디식재중·후	100%	• 확인	

(3) 기계설비공사

검측세부공종	검 측 시 기	검측빈도		검 측 방 법	비 고
		매층	5층마다		
1. 스라브 및 인서트 설치공사	• 지하층 슬라브 설치 후 (CON'C 타설 전) • 기준층 슬라브 설치 후 (CON'C 타설 전) • 거푸집 제거 후	○	○	• 검측체크리스트 • 검측체크리스트 • 확인	#8 #8
2. APT 지하층 배관공사	• 본용접 시행 전 • 본용접 시행 후 (수압시험 중) • 오배수 배관 완료 후 • 보온 완료 후	○	○	• 입회 • 검측체크리스트 • 검측체크리스트 • 검측체크리스트	#4, #10 #5 #9, #11
3. 입상 배관공사	• 평형별 견본시공 시 • 본용접 시행 전 • 본용접 시행 후 (수압시험 중) • 보온 완료 후	○	○	• 입회 • 확인 • 검측체크리스트 • 검측체크리스트	#4, #10 #9
4. 단위세대 배관공사	• 평형별 견본시공 시 • 급수, 급탕배관 설치 작업 중	○	○	• 입회 • 확인	

검측세부공종	검 측 시 기	검측빈도		검 측 방 법	비 고
		매층	5층 마다		
4. 단위세대 배관공사	• 급수, 급탕 배관완료 후 (기포 CON'C 타설 전, 수압시험 중) • 난방코일배관 설치작업 중 • 난방코일 배관 완료 후 (온돌미장 전, 수압시험 중) • 오배수배관 설치작업 중 • 오배수배관 완료 후 (천정틀 설치 전)	○	○	• 검측체크리스트 • 확인 • 검측체크리스트 • 확인 • 검측체크리스트	#3 #6, #10 #5
5. 옥상층 설비공사	• 옥상층 배관설치작업 중 • 배관작업 완료 후 (수압시험 중) • 보온 완료 후	○	○	• 확인 • 검측체크리스트 • 검측체크리스트	#4, #10 #9, #11
6. 위생기구 설치공사	• 욕조 바닥트랩 설치 중 • 세면기, 양변기 설치 중 • 부착물/수전류 설치 후	○	○	• 확인 • 확인 • 검측체크리스트	#2, #11
7. 함류/기기류 설치공사	• 함류 설치작업 시 • 기기류 설치 후	○	○	• 확인 • 확인	
8. 공동구 배관공사	• 배관 설치작업 중 • 배관 완료 후 • 수압시험 시 • 보온 완료 후	○	○	• 확인 • 검측체크리스트 • 검측체크리스트 • 검측체크리스트	#4 #10 #9, #11
9. 기계실 설비공사	• 기초 PAD 타설 시 • 장비류 설치 후 • 배관공사 설치작업 중) • 배관공사 완료 후 • 보온공사 완료 후	○	○	• 확인(장비류 승인 요청 서류) • 확인 • 확인 • 검측체크리스트 • 검측체크리스트	#7 #9
10. 장비 및 배관 수압시험	• 장비 및 배관공사 완료 후(보온공사 전)	○	○	• 검측체크리스트	#10

검측세부공종	검 측 시 기	검측빈도		검 측 방 법	비 고
		매층	5층 마다		
11. 주차장 환기 설비공사	• 덕트 설치 작업 중 • 팬 및 장비 설치중 • 공사완료 후 • 시운전	○	○	• 확 인 • 확인 • 검측체크리스트 • 입회	#1
12. 자동제어공사	• 전선관 설치작업 중 • 입선 및 결선 완료 후 • 동작 시험	○	○	• 확인 • 검측체크리스트 • 입회	#13
13. 가스배관공사	• 평형별 견본시공 시 • 입상배관 완료 후	○	○	• 입회 • 검측체크리스트	#12
14. 정화조기계 설비공사	• 배관 닥트 설치 중 • 장비설치 완료 후	○	○	• 확인 • 검측체크리스트	#14
15. 종합 시운전	• 인입공사 완료 후 (시상수, 지역난방)	○	○	• 검측체크리스트	#15

검 측 체 크 리 스 트

(건축 예시안)

공 종	철근콘크리트공사	검 측 일 자	20 년 월 일
세 부 공 종	철근공사(기둥)	위치 및 부위	

검 사 항 목		검사기준 (시방)	1 차		2 차		조치사항
			시공	감리	시공	감리	
기둥	1. 철근은 도면의 형상과 치수에 잘 맞도록 재질을 해치지 않는 방법으로 가공되어있는가?						
	2. 철근을 조립하기 전에 들떠 있는 녹과 유분, 점토 등 부착을 해칠 우려가 있는 것은 제거 하였는가?						
	3. 철근과 거푸집과의 간격은 스페이서를 사용하여 정확하게 유지시키는가?						
	4. 철근의 치수, 간격 및 상하부 철근의 유효고는 설계 도서대로 설치하였는가?						
	5. 기둥철근의 결속은 양호한가?						
	6. 대근의 형상, 개수 지름은 도면대로 설치되어 있는가?						
	7. 기둥 철근의 앙카 길이는 도면대로 시공 되었는가?						
	8. 철근이음은 압접이음을 하였는가?						
	9. 철근규격 확인?						
	10. 피복두께 확인?						

시공자 1차 검사	(성명) (인)	감리원 1차 검측	(성명) (인)
시공자 2차 검사	(성명) (인)	감리원 2차 검측	(성명) (인)

□ 적합 : ○, 부적합 : ×

1. 매몰부문은 사진첨부 1부.
2. 해당도면 및 시공상세도 1부.
3. 공사실명부1부. 끝.

검 측 체 크 리 스 트

(토목 예시안)

공 종	토공사	검 측 일 자	20 년 월 일
세 부 공 종	대지측량 및 줄치기	위치 및 부위	

검 사 항 목	검사기준 (시방)	1 차		2 차		조치사항
		시공	감리	시공	감리	
1. 지적공사의 대지 경계선 측량성과도 확인하였는가?						
2. 설계도서와 시공측량 결과 일치하는가?						
3. 경계선, 도로 및 건물과의 이격거리 확인여부?						
4. 표시하는 선이 건물 외형선(처마, 발코니 기준)인가?, 벽체선인가?						
5. 건물의 위치는 좌표점과 일치하는가?						

시공자 1차 검사	(성명) (인)	감리원 1차 검측	(성명) (인)
시공자 2차 검사	(성명) (인)	감리원 2차 검측	(성명) (인)

□ 적합 : ○, 부적합 : ×

1. 매몰부문은 사진첨부 1부.
2. 해당도면 및 시공상세도 1부.
3. 공사실명부1부. 끝.

검 측 체 크 리 스 트

(기계 예시안)

공 종	기 계	검 측 일 자	20 년 월 일
세 부 공 종	소 화 배 관	위치 및 부위	

검 사 항 목	검사기준 (시방)	1 차		2 차		조치사항
		시공	감리	시공	감리	
1. 시공상세도를 작성하여 승인을 필 하였는가?						
2. 승인된 제품과 규격, 재질이며 검정 제품인가?						
3. 수평, 수직, 및 구배의 상태는 맞는가?						
4. 지지물의 간격과 상태는 맞는가?						
5. 스리브 통과부분의 마무리는 이상 없는가?						
6. 수압, 누수 시험 시 LEAK 부위는 CHECK 하여 조치했는가?						
7. 소화전함, 연결송수관, 호스함의 설치상태는 양호한가?						
8. 배관지지물, 소화전, 기구함의 도장상태는 양호한가?						
9. 자동확산소화기 상태는 양호한가?(11층 이상)						
10. 감압변, 스프링클러, 기타 부품의 미설치는 없는가?						
11. 헤드의 설치간격은 적정하며 장애물의 간섭은 없는가?						
12. 보온작업 수행을 위한 준비는 완벽한가?						
13. 관련법규에 적합하게 시공되었는가?						

시공자 1차 검사	(성명) (인)	감리원 1차 검측	(성명) (인)
시공자 2차 검사	(성명) (인)	감리원 2차 검측	(성명) (인)

□ 적합 : ○, 부적합 : ×

1. 매몰부문은 사진첨부 1부.
2. 해당도면 및 시공상세도 1부.
3. 공사실명부1부. 끝.

1.3 사후관리단계

목표품질의 건축물이 완성되어 인도 인수되어 운영, 사용되는 단계로 품질의 사후 보증을 위해서 AS를 해주어야 한다.

사후관리단계는 건축물 시스템의 시동, 운영 및 정지를 효과적으로 안전하게 수행하고 시스템의 지속적인 유지를 위해서 필요하다.

효율적인 유지관리를 위해 준공도면 작성, 건축물 중요 부위별 시설, 장치 등에 관한 분야별 사용 설명과 유지관리사항에 대한 시설물 인수·인계계획서를 작성하여 인도 인계한다.

1) 시설물 인수·인계 계획

(1) 시설물 인수·인계 계획의 포함 내용

① 일반 사항(공사 개요 등)

② 운영 지침서(필요한 경우)

- 시설물의 규격 및 기능 점검 항목
- 기능 점검 절차
- Test 장비 확보 및 보정
- 기자재 운전 지침서
- 제작 도면 절차서 등 관련 자료
- 시운전 결과 보고서(시운전 실적이 있는 경우)
- 예비 준공 검사 결과
- 특기 사항

(2) 점검 보수

① 신고 접수된 순으로 처리하는 것을 원칙으로 할 것

② 최대한 빠른 시일내에 점검 보수함을 원칙으로 할 것

③ 방문 예약제를 최대한 활용할 것

④ 하자 부위에 대하여 편견을 가지지 말 것

⑤ 보수에 필요한 마감재의 보유 현황을 수시로 파악 확인할 것

⑥ 여러 공정의 작업이 필요한 경우 너무 시일을 오래 끌지 않도록 할 것

⑦ 중요한 보수는 사진 촬영을 해두어 참고 자료로 활용할 것

⑧ 중요한 근거가 되므로 하자 처리 대장 작성을 철저히 할 것

2) 유지관리 및 운영

(1) 운영 및 유지관리

① 건설공사의 도면·서류 및 자료 유지·보존

② 준공도서

③ 품질기록(품질시험 또는 검사 성과 총괄표를 포함)

④ 구조계산서

⑤ 시공상 특기사항에 관한 보고서

⑥ 사후평가서

⑦ 안전점검·안전진단 보고서와 그 밖의 자료

(2) 시설물 안전점검 실시

① 안전점검 용역의 근거

- 정밀안전진단 및 정밀점검 대상시설물 여부 검토
- 저가낙찰공사 대상 시설물 여부 검토 : 하자검사를 전문기관에서 시행토록 규정

② 시행주기 적정성 검토 : 정밀점검, 정밀안전진단

- 시설물의 안전점검 주기

안 전 등 급	정 밀 점 검		정밀안전진단
	건 축 물	그 외 시설물	
A 등 급	4년에 1회 이상	3년에 1회 이상	6년에 1회 이상
B, C 등 급	3년에 1회 이상	2년에 1회 이상	5년에 1회 이상
D, E 등 급	2년에 1회 이상	1년에 1회 이상	4년에 1회 이상

③ 자체시행 가능 여부 판단

- 정밀점검의 경우 B등급이상 양호한 시설물중 정밀안전진단이 2년내 시행 예정인 시설에 대해서는 외부전문가를 활용하여 자체적으로 시행가능한지 여부 판단
- 평가등급이 C등급인 시설물 중 보수공사 시행으로 위험요인이 해소된 시설물
- 1·2종시설물이 아닌 법정외 시설물중 양호한 시설물에 대해서는 자체 용역 시행 여부 판단

(3) 준공시설물 하자관리

① 준공시설물 관리 개선

- 시설물 하자검사 주기 단축(반기별 → 분기별)으로 시설물 관리 강화
  - 공사장 점검, 예비준공검사, 준공검사, 시설물 안전점검 등에서 하자가 많이 발생한 시설물은 하자검사를 분기별로 시행 검토(연 2회 → 4회)
- 신속한 하자보수체계 확립
  - 시설물 하자검사 이행 후 점검결과 하자보수 관리대장 관리
  - 계약상대자에 대한 하자보수 이행 통지후 2주일내로 미착공시, 발주부서에서 해당공사 하자보수보증금을 직접 사용하여 하자보수 실시기관 감사시 하자검사의 집중감사로 시설물관리체계 정착 도모
  - 시설물 관리체계가 정착될 때까지 하자검사 및 보수에 대한 전반적인 내용(하자검사이행여부, 하자보수관리 대장 관리실태 등)에 대해 해당기관 감사시 실시여부 확인

(관련규정 및 참고자료)

지방자치단체를 당사자로 하는 계약에 관한 법 시행령 제70조
건설기술진흥법 시행령 제70조, 제100조, 시행규칙 제59조
시설물의 안전관리에 관한 특별법 제6,7조
준공시설물 관리실태 점검 및 개선(행정2부시장 방침 제109호(2013.04.01)

2. 품질관련 계획서

〈품질관리계획과 품질시험계획의 비교〉

<table>
<tr><th colspan="2">구 분</th><th>품질관리계획의 확인</th><th>품질시험계획의 이행확인</th></tr>
<tr><td colspan="2" rowspan="2">관련법규</td><td colspan="2">- 건설기술진흥법 제55조(건설공사의 품질관리)
- 건설기술진흥법시행령 제89조, 제90조, 제92조
- 건설기술진흥법시행규칙 제49조, 제50조</td></tr>
<tr><td>건진법 시행규칙 제52조
서울특별시 건설공사 품질관리 등에 관한 조례 제9조, 제10조</td><td>서울특별시 건설공사 품질관리 등에 관한 조례 제11조</td></tr>
<tr><td rowspan="3">계획
수립</td><td>대 상</td><td>- 감독권한대행등 건설사업관리 대상 건설공사로서 총공사비가 500억원 이상인 건설공사
- 다중이용건축물의 건설공사로서 연면적이 3만㎡ 이상인 건설공사
- 당해 건설공사의 계약에 품질관리계획을 수립하도록 명시되어 있는 건설공사</td><td>- 총공사비 5억원 이상인 토목공사
- 연면적 660㎡ 이상인 건축물의 건축공사
- 총공사비 2억원 이상인 전문공사

※ 총공사비 : 관급자재비를 포함하고 보상비를 제외한 설계 내역서상 금액</td></tr>
<tr><td>작성자</td><td>- 건설업자 및 주택건설등록업자</td><td>- 건설업자 및 주택건설등록업자</td></tr>
<tr><td>내 용</td><td>- 한국산업표준 케이에스에 큐 아이에스오(KS Q ISO) 9001등에 적합(건설공사정보 등 26개 항목)
- 시행령 제89조</td><td>- 시험계획 회수
- 시험시설 및 인력배치등
- 시행령 제89조
- 시행규칙 제50조</td></tr>
<tr><td rowspan="3">확인</td><td>확인시기</td><td>- 연1회 이상</td><td>- 연1회 이상</td></tr>
<tr><td>확인자</td><td>- 발주 또는 허가, 인가, 승인한 행정기관의 장
- 서울특별시품질시험소장</td><td>- 발주자
- 서울특별시품질시험소장</td></tr>
<tr><td>확인내용</td><td>- 품질관리계획수립 및 적정여부 확인</td><td>- 품질시험계획수립 및 이행여부확인</td></tr>
</table>

2.1 품질관리계획서

1) 품질관리계획 이행절차

계획수립 (건설기술진흥법 제55조 제2항)	○ 건설업자 또는 주택건설등록업자
⇩	
제 출 (건진법시행령 제90조 제1항, 제2항)	○ 공사감독자 또는 건설사업관리기술자의 확인을 받아 공사 착공 전 발주자에게 제출하여야 한다. ○ 발주자 중 발주청이 아닌 자는 품질관리계획 또는 품질시험계획의 내용을 허가 등을 한 행정기관의 장에게 제출하여야 한다.
⇩	
검 토 (건진법시행령 제90조 제3항)	○ 발주자 또는 행정기관의 장은 품질관리계획 또는 품질시험계획의 내용을 검토하여 보완하여야 할 사항이 있는 경우 보완 요구
⇩	
확 인 (건설기술진흥법 제55조 제3항) (서울특별시건설공사품질관리등에 관한 조례 제10조 제3항)	○ 건설공사를 허가·인가·승인하였거나 발주를 한 행정기관의 장은 품질관리를 적정하게 실시하는지 여부 확인(연 1회 이상, 준공 2개월 전까지) ○ 품질관리업무의 적정수행여부를 확인할 수 없을 때에는 서울특별시 품질시험소장에게 대행 의뢰
⇩	
완 료 (건진법시행령 제92조 제4항) (서울특별시건설공사품질관리등에관한 조례 제10조 제3항	○ 확인결과 시정이 필요하다고 인정하는 경우 건설업자 또는 주택건설등록업자는 지체 없이 이를 시정 후 그 결과를 발주자에게 통보하여야 한다.

2) 대상공사의 범위(영 제89조 제2항)

(1) 감독권한대행 등 건설사업관리 대상인 건설공사로서 총공사비 500억원 이상 건설공사

(2) 다중이용건축물의 건설공사로서 연면적 30,000㎡ 이상인 건축물의 건설공사

※ 다중이용건축물 : 건축법 시행령 제2조 17항

- 문화 및 집회시설(전시장 및 동·식물원을 제외한다), 종교시설, 판매시설, 운수시설 중 여객용 시설, 의료시설 중 종합병원, 숙박시설 중 관광숙박시설에 해당하는 용도로 쓰는 바닥면적의 합계가 5천 제곱미터 이상인 건축물
- 16층 이상인 건축물

(2) 당해 건설공사의 계약에 품질관리계획을 수립하도록 명시되어 있는 건설공사

(3) 원자력시설공사와 건설공사의 성질상 품질관리계획 또는 품질시험계획을 수립할 필요가 없다고 인정되는 공사(조경식재공사, 가설물 설치공사, 철거공사)는 품질관리계획 또는 품질시험계획을 수립하지 아니할 수 있다. 다만, 설계도서에서 품질관리계획 또는 품질시험계획을 수립하도록 되어있는 건설공사에 대하여는 품질관리계획 또는 품질시험계획을 수립하여야 한다.

3) 품질관리계획의 수립(법 제55조 제2항)

(1) 건설업자 및 주택건설등록업자는 건설공사의 품질확보를 위하여 품질관리계획 또는 품질시험계획을 수립하고 이에 따라 품질시험 및 검사를 하여야 한다.

(2) 건설업자 및 주택건설등록업자에 고용되어 품질관리 업무를 수행하는 건설기술자는 품질관리계획 또는 품질시험계획 따라 그 업무를 수행하여야 한다.

(3) 발주자는 건설업자 및 주택건설등록업자가 품질시험를 실시하여야 하는 대상 공종 및 재료)를 설계도서에 구체적으로 표시하여야 한다.(영 제92조 제1항)

4) 품질관리계획의 수립절차(영 제90조)

(1) 건설업자 또는 주택건설등록업자는 품질관리계획 또는 품질시험계획을 수립하여 건설공사의 발주자에게 제출하는 경우에는 미리 공사감독자 또는 건설사업관리기술자의 검토 확인을 받아야 하며, 건설공사를 착공(건설공사 현장의 부지정리 및 가설사무소의 설치등의 공사준비는 착공으로 보지 아니한다)하기 전에 발주

자의 승인을 받아야 한다.

(2) 품질관리계획 또는 품질시험계획의 내용을 변경한 경우에도 또한 같다.

(3) 품질관리계획 또는 품질시험계획을 제출받은 발주자나 인·허가 기관의 장은 품질관리계획 또는 품질시험계획의 내용을 검토하여 보완하도록 할 사항이 있는 경우에는 건설업자 또는 주택건설등록업자로 하여금 이를 보완하도록 하여야 한다.

5) 품질관리계획 확인 실시

(1) 확인시기 : 연 1회 이상, 준공 2월 전까지(규칙 제52조 제1항)

(2) 확인요령 : 규칙 제52조 제2항(국토교통부고시 제2014-303호, 건설공사 품질관리 지침)

(3) 발주자가 확인을 한 경우에는 "품질관리 적정성 확인요령"에 따라 그 결과를 서면으로 작성하여야 한다.

(4) 발주자는 확인결과 시정이 필요하다고 인정하는 경우에는 당해 건설업자 또는 주택건설등록업자에게 시정을 요구할 수 있으며.

(5) 시정을 요구받은 건설업자 또는 주택건설등록업자는 지체 없이 이를 시정한 후 그 결과를 발주자에게 통보하여야 한다.(영 제92조 제4항)

(6) 발주청, 인·허가 기관의 장 및 대통령령이 정하는 기관의 장은 품질관리계획을 수립하여야 하는 건설공사에 대하여 건설업자와 주택건설등록업자가 제2항에 따라 품질관리계획에 따른 품질관리를 적절하게 하는지 확인 할 수 있다.(법 제55조 제3항)

(7) 행정기관의 장이 실시한 "품질관리의 적정성확인"에 대한 결과는 "품질관리 적정성확인 요령"에 따라 작성하여야 한다.

6) 품질관리계획과 KS Q ISO 9001 : 2009 규격의 관계

품질관리계획 수립 및 운영요령	KS Q ISO 9001 : 2009 규격
Ⅰ. 일반사항	
1. 목적	0. 개요
2. 적용범위	1. 적용범위, 2. 인용규격
3. 용어의 정의	3. 용어의 정의

품질관리계획 수립 및 운영요령	KS Q ISO 9001 : 2009 규격
Ⅱ. 품질관리주체의 역할	
1. 발주자의 역할(업무)	
2. 감독/감리원 역할(업무)	
3. 시공자의 역할(임무)	4.1 일반 요구사항, 4.2.1 일반사항, 7.1 제품실현의 기획, 8.2.3 프로세스의 모니터링 및 측정
Ⅲ. 품질관리계획의 요건	
1. 건설공사 정보	4.4.2 품질매뉴얼, 5.2 고객중심
2. 현장 품질방침 및 품질목표	5.1 경영자 의지, 5.3 품질방침, 5.4.1 품질목표, 5.4.2 품질경영 시스템 기획
3. 책임 및 권한	5.5.1 책임 및 권한, 5.5.2 경영대리인
4. 문서관리	4.2.3 문서관리
5. 기록관리	4.2.4 기록관리
6. 자원관리	6.1 자원 확보, 6.2.1 일반사항, 6.3 기반구조, 6.4 업무환경
7. 설계관리	7.3 설계 및 개발
8. 건설공사 수행 준비	5.2 고객중심, 7.2.1 제품에 관련된 요구사항 결정, 7.2.2 제품에 관련된 요구사항 검토
9. 계약변경	7.2.2 제품에 관련된 요구사항 검토
10. 교육훈련	6.2.2 적격성, 인식 및 교육훈련
11. 의사소통	5.5.3 내부 의사소통, 7.2.3 고객과의 의사소통
12. 기자재의 구매관리	7.4.1 구매프로세스, 7.4.2 구매정보, 7.4.3 구매한 제품의 검증
13. 지급자재의 관리	7.5.4 고객재산
14. 하도급 관리	4.1 일반 요구사항, 7.4.1 구매프로세스, 7.4.2 구매정보, 7.4.3 구매한 제품의 검증
15. 공사 관리	7.5.1 생산 및 서비스 제공의 관리
16. 중점 품질관리	7.5.2 생산 및 서비스 제공에 대한 프로세스의 실현성확인/타당성 확인
17. 식별 및 추적	7.5.3 식별 및 추적성
18. 기자재 및 공사 목적물의 보존관리	7.5.5 제품의 보존관리

품질관리계획 수립 및 운영요령	KS Q ISO 9001 : 2009 규격
19. 검사장비, 측정장비 및 시험장비의 관리	7.6 모니터링 및 측정장비의 관리
20. 검사 및 시험, 모니터링	8.1 일반사항, 8.2.4 제품의 모니터링 및 측정
21. 불일치 공사의 관리	8.3 부적합제품의 관리
22. 데이터의 분석	8.2.1 고객만족, 8.4 데이터의 분석
23. 시정조치 및 예방조치	8.5.1 지속적 개선, 8.5.2 시정조치, 8.5.3 예방조치
24. 자체 품질점검	8.1 일반사항, 8.2.2 내부심사
25. 건설공사 운영성과의 검토	5.6.경영검토, 8.1 일반사항
26. 공사준공 및 인계	4.2.4 기록관리, 7.5.1 생산 및 서비스 제공의 관리, 8.2.4 제품의 모니터링 및 측정

7) 품질관리계획의 요건

품질관리계획서는 다음과 같은 사항들을 포함하여 작성되어야 한다.

(1) 건설공사 정보

① 품질관리계획서에는 건설공사와 관련된 일반현황과 계약내용에 대한 요약정보가 포함되어야 한다.

② 품질관리계획서에는 건설공사에 적용되는 프로세스와 프로세스간의 상호작용에 대한 기술이 포함되어야 한다.

③ 건설공사의 현장 특성상 이 요령의 어떤 요건이 적용될 수 없는 경우는 적용의 제외에 대한 상세한 내용 및 정당성이 포함되어야 한다.

(2) 현장 품질방침 및 품질목표

① 현장대리인은 건설공사의 목적과 발주자의 기대 및 요구에 적절한 현장 품질 방침 및 품질목표를 정하고 문서화하여야 한다.

② 현장 품질방침은 품질관리계획의 요구사항, 법적 및 규제요구사항, 계약 요구사항, 발주자 요구사항(감리자 요구사항 포함)을 준수한다는 의지와 품질관리계획의 효과성을 개선한다는 의지가 포함되어야 하며, 품질목표는 측정이 가능하고 현장 품질방침과 일관성이 있어야 한다.

③ 현장대리인은 품질방침과 품질목표가 현장조직 내에서 의사소통 되고 이해되도록 관리하여야 하며, 품질목표를 달성하기 위하여 추진계획을 수립하고 관리하여야 한다.

(3) 책임 및 권한

① 현장대리인은 현장조직 내에서 책임과 권한을 규정하고 의사소통 하여야 한다.

② 품질관리계획서에는 현장조직 구성원들의 책임과 권한이 기술되어야 하며, 역할 분담과 보고경로는 조직도의 형태로 표현할 수 있다.

(4) 문서관리

① 시공자는 건설공사와 관련된 요구사항을 충족시키기 위하여 필요한 문서를 관리하여야 한다. 품질관리계획서는 건설공사의 진행에 따라 주기적으로 모니터링 되고 필요한 경우 개정되어야 한다.

② 품질관리계획서에는 문서의 검토, 승인, 등록, 배포 및 폐기방법에 대한 관리업무가 기술되어야 한다.

③ 문서는 계약문서, 설계도서, 법규정, 한국산업규격, 기술시방, 문서 등 외부출처의 문서를 포함된다.

(5) 기록관리

① 시공자는 품질관리계획서 및 공사 목적물이 요구사항에 적합하다는 증거를 제공하기 위하여 기록을 작성하고 유지하여야 한다.

② 기록은 품질관리계획서의 효과성을 개선하기 위해 추적하여 활용할 수 있도록 이해하기 쉽고, 쉽게 식별하고 검색이 가능하도록 유지하여야 하며, 기록의 보유기간은 필요시 법적 및 규제요구사항을 충족하여야 한다.

(6) 자원관리

① 시공자는 품질관리계획서 및 건설공사와 관련된 요구사항을 충족시키기 위하여 필요한 자원을 확보하여야 한다. 자원은 물적자원, 인적자원, 기반구조, 작업 환경이 포함되어야 한다.

② 시공자는 건설공사를 수행하기 위해 학력, 교육훈련, 숙련도, 경험, 관련법령 등을 근거로 필요한 능력을 정하고 적격한 인원을 배치하여야 한다.

③ 시공자는 건설공사의 성공적인 수행을 위하여 필요한 기반구조 및 작업환경을 확보, 유지하여야 한다.

(7) 설계관리

① 시공자는 건설공사에 대해 설계책임이 있는 경우 설계를 관리하여야 한다.

② 품질관리계획서에는 설계계획의 수립, 설계입력기준의 결정, 설계출력물 관

리, 설계검토, 설계검증, 설계타당성 확인에 대한 설계 관리업무가 기술되어야 한다.

③ 시공자는 설계출력이 설계입력기준을 충족하고 있는지를 검증하여야 하며, 공사 목적물이 규정되거나 의도된 사용에 적합하다는 것을 입증하기 위하여 설계 타당성확인을 수행하여야 한다.

(8) 건설공사 수행 준비

① 시공자는 계약문서, 설계도서, 관련된 법규정 및 규격 등 건설공사에 대한 요구사항을 정하고 검토하여야 한다.

② 품질관리계획서에는 요구사항을 검토하는 시기, 방법 및 책임자가 기술되어야 하며, 상충되거나 모호한 요구사항, 현장 실정과 부합되지 않는 요구사항의 해결방법이 기술되어야 한다.

③ 시공자는 건설공사 수행과 직접적으로 관련된 제반 준비사항에 대하여 계획, 실행하여야 한다.

(9) 계약변경

① 시공자는 설계변경을 포함한 계약변경 사항을 관리하여야 한다.

② 품질관리계획서에는 계약변경의 요청 및 처리방법이 기술되어야 하며, 계약이 변경되는 경우, 시공자는 관련 문서가 수정되고 관련 인원이 변경된 요구사항을 인식하도록 하여야 한다.

(10) 교육훈련

① 시공자는 건설공사를 수행하는 공사 참여자(하도급자, 기능공 포함)에 대하여, 예정공정과 연계하여 교육훈련의 필요성을 파악하고 해당되는 교육훈련을 제공하여야 한다.

② 품질관리계획서에는 교육훈련에 대한 관리업무가 기술되어야 한다.

(11) 의사소통

① 시공자는 품질관리계획의 이행과 건설공사 운영과 관련하여 내부 및 외부 의사소통을 위한 효과적인 방법을 정하고 실행하여야 한다.

② 품질관리계획서에는 내부 및 외부 의사소통에 대한 관리업무가 기술되어야 한다.

③ 필요한 경우, 의사소통은 내부 및 외부 관계자로부터의 의견 접수, 검토, 전달, 문서화 및 회신을 포함하여야 한다.

(12) 기자재 구매관리

① 시공자는 품질 요구사항을 충족하는 주요 기자재가 건설공사 진행에 따라 적기에 투입되도록 수급계획을 수립, 실행 및 유지하여야 한다.

② 품질관리계획서에는 건설공사 수행을 위해 투입되는 기자재의 구매 관리업무가 기술되어야 한다.

③ 구매한 기자재에 적용되는 관리의 방식과 정도는 구매한 기자재가 후속되는 공종이나 공사 목적물에 미치는 영향에 따라 달라져야 한다.

(13) 지급자재의 관리

① 시공자는 건설공사에 투입되는 지급자재가 있는 경우 지급자재를 파악, 검증, 보호 및 안전하게 유지하여야 한다.

② 품질관리계획서에는 지급자재에 대한 관리업무가 기술되어야 한다.

(14) 하도급 관리

① 시공자는 건설공사와 관련하여 하도급의 필요성을 파악하고 하도급 계획을 수립하여야 한다.

② 시공자가 공사 목적물의 요구사항에 대한 적합성에 영향을 미치는 어떠한 공종을 하도급 처리할 경우, 품질관리계획서에는 하도급된 공종에 대한 관리업무가 기술되어야 한다.

③ 하도급된 공종에 적용되는 관리의 방식과 정도는 후속되는 공종이나 공사 목적물에 미치는 영향에 따라 달라져야 한다.

(15) 공사 관리

① 시공자는 공사 목적물이 요구사항을 충족하도록 건설공사 운영을 계획하고 수행하여야 한다.

② 품질관리계획서에는 건설공사 수행과 직결되는 관리 업무가 기술되어야 한다.

(16) 중점 품질관리

① 시공자는 공사 목적물이 사용 후에만 하자 또는 결함이 나타나는 경우와 같이, 후속되는 검사 및 시험, 모니터링 결과로도 충분히 검증할 수 없는 경우

와, 불일치 공사로 판명될 경우 시정이 어렵고 많은 노력과 경비가 소요되는 경우의 공종 또는 부위에 대하여 중점 품질관리를 하여야 한다.

② 품질관리계획서에는 중점 품질관리 대상의 관리업무가 기술되어야 한다.

(17) 식별 및 추적

① 시공자는 건설공사 수행의 모든 단계에서, 필요한 경우, 적절한 수단으로 기자재와 공사 목적물에 대한 식별 및 추적이 가능하도록 관리하여야 한다.

② 품질관리계획서에는 식별 및 추적에 대한 관리업무가 기술되어야 한다.

(18) 기자재 및 공사 목적물의 보존관리

① 시공자는 건설공사 수행중에는 물론 공사 목적물을 인계할 때까지, 기자재 및 공사 목적물에 대한 적합성을 보존하여야 한다.

② 품질관리계획서에는 기자재 및 공사 목적물의 보존에 대한 관리업무가 기술되어야 한다.

(19) 검사장비, 측정장비 및 시험장비의 관리

① 시공자는 공사 목적물이 요구사항에 적합하다는 것을 실증하기 위해 필요한 검사장비, 측정장비 및 시험장비(임대 또는 대여하여 사용하거나, 하도급사 또는 개인이 사용하는 장비를 포함)를 관리하여야 한다.

② 검사장비, 측정장비 및 시험장비의 관리는 건설공사 수행단계에서 수반되는 검사 및 시험, 모니터링 결과의 신뢰성를 제공하여야 한다.

③ 품질관리계획서에는 검사장비, 측정장비 및 시험장비의 관리업무가 기술되어야 한다.

(20) 검사 및 시험, 모니터링

① 시공자는 공사 목적물이 요구사항을 충족하고 있다는 것을 검증하기 위하여, 투입되는 자재, 시공공정 및 공사 목적물과 관련된 특성을 검사 및 시험, 모니터링 하여야 한다.

② 품질관리계획서에는 검사 및 시험, 모니터링에 대한 관리업무가 기술되어야 한다.

③ 발주자 또는 감독/감리원이 승인하는 경우를 제외하고는, 계획된 검사 및 시험이 만족스럽게 완료되기 전에 자재의 사용, 후속공정의 진행이나 공사 목적물의 인계가 진행되어서는 안 된다.

(21) 불일치 공사의 관리

① 시공자는 의도하지 않은 자재의 사용, 후속공정의 진행 또는 공사 목적물의 인계를 방지하기 위하여, 품질요구사항에 적합하지 않은 불일치 공사를 식별하고 관리하여야 한다.

② 품질관리계획서에는 불일치 공사에 대한 처리업무가 기술되어야 한다.

(22) 데이터의 분석

① 시공자는 품질관리계획의 적절성 및 효과성을 실증하고, 품질관리계획의 효과성을 개선하기 위하여, 필요한 데이터를 결정, 수집 및 분석하여야 한다.

② 품질관리계획서에는 예방조치에 대한 기회를 포함하여 건설공사 운영에 필요한 정보제공을 위하여 데이터 분석에 대한 관리업무가 기술되어야 한다.

(23) 시정조치 및 예방조치

① 시공자는 실제 또는 잠재적인 부적합을 발견한 경우, 재발방지 또는 발생방지를 목적으로 부적합 사항의 원인을 제거하기 위한 조치를 취하여야 한다. 시정조치 및 예방조치는 당면한 문제의 크기와 영향에 대하여 적절하여야 한다.

② 품질관리계획서에는 시정조치 및 예방조치에 대한 관리업무가 기술되어야 한다.

(24) 자체 품질점검

① 시공자는 품질관리계획의 적합성, 이행성, 효과성을 결정하기 위하여 계획된 주기로 건설공사 수행에 대한 자체 품질점검을 수행하여야 한다.

② 품질관리계획서에는 자체 품질점검에 대한 관리업무가 기술되어야 한다.

(25) 건설공사 운영성과의 검토

① 현장대리인은 품질관리계획의 적절성, 충족성 및 효과성을 실증하고 건설공사 운영과 관련된 개선사항의 결정과 조치를 위하여, 계획된 주기로 건설공사 운영성과를 검토하고 필요시 검토결과에 따른 후속조치를 실시하여야 한다.

② 품질관리계획서에는 건설공사 운영성과를 검토하기 위한 관리업무가 포함되어야 한다.

(26) 공사준공 및 인계

① 시공자는 품질관리계획에 따라 공사 목적물이 완성되고 모든 검증활동이 만족스럽게 완료된 경우, 준공검사를 위해 필요한 서류를 파악, 확보하여 준공검사를 신청하여야 하며, 공사준공시 완성된 시설물과 공사관련 문서의 인계를 위한 준비를 하여야 한다.

② 품질관리계획서에는 공사준공 및 인계를 위한 관리업무가 포함되어야 한다.

8) 품질관리계획 검토사항

항목	검 토 사 항	검토내용 (품질관리계획서 관련 조항 기술)
1	**건설공사 정보 등** ○ 건설공사와 관련된 일반현황과 계약내용에 대한 요약정보를 제공하고 있는가? ○ 품질관리계획서에는 건설공사에 적용되는 프로세스와 프로세스 간의 상호작용에 대한 기술이 포함되어 있는가? ○ 품질관리계획 요건 중 일부가 적용 제외된 경우에는 상세한 내용 및 정당성이 포함되었는가?	
2	**현장 품질방침 및 품질목표** ○ 현장대리인은 건설공사의 목적과 발주자의 기대 및 요구에 적절한 현장 품질방침 및 품질목표를 수립하였는가? ○ 품질방침은 다음 사항이 고려되었는가? • 건설공사의 특성을 감안 • 요구사항의 준수 의지 및 품질관리계획의 효과성의 개선 의지 포함 ○ 품질목표는 다음 사항이 고려되었는가? • 실현 및 측정 가능 • 품질방침과의 일관성 ○ 품질방침과 품질목표는 현장 조직내에서 의사소통되고 이해되도록 관리방법을 정하고 있는가? ○ 품질목표 달성을 위한 구체적인 실천방안을 정하고 있는가?	
3	**책임 및 권한** ○ 현장대리인은 다음 사항을 포함하여 현장 조직내의 개개인에 대하여 책임 및 권한을 부여하는가? • 건설공사 수행에 요구되는 활동의 계획, 실행 및 유지, 모니터링 • 공사관련자간의 의사소통, 공유영역에서 일어나는 문제의 해결	

항목	검 토 사 항	검토내용 (품질관리계획서 관련 조항 기술)
	• 점검결과의 검토 • 시정조치의 관리 ○ 역할분담과 보고경로 등을 보여주는 조직도는 시공, 품질, 공정, 안전 등을 고려한 최적의 형태인가?	
4	**문서관리** ○ 품질관리계획서는 건설공사의 진행에 따라 주기적으로 모니터링 되고 필요한 경우 개정되도록 정하고 있는가? ○ 다음 사항을 포함한 문서관리 방법을 정하고 있는가? • 문서의 검토, 승인, 등록, 배포 및 폐기 • 문서 해당본의 이용 가능성 • 보유하고 있는 구문서의 식별 ○ 문서관리는 계약문서, 설계도서, 법규정, 한국산업규격, 기술시방, 공문서 등 외부출처의 문서를 관리하기 위한 방법이 포함되어 있는가? ○ 품질관리계획서는 권한을 가진자에 의해 검토, 승인되었는가? ○ 필요한 서식(발주자 서식 포함)을 관리하는 방법을 정하고 있는가?	
5	**기록관리** ○ 다음 사항을 포함한 기록관리 방법이 정해져 있는가? • 보유기간, 보유장소, 책임자 • 식별, 보관, 보호, 처분, 기밀유지 방법 • 열람 및 검색방법 • 공사 관련자에게 제공하여야 할 기록의 종류, 시기 및 방법 ○ 기록의 보유기간 적정한가?(필요시 법적 및 규제요구사항의 충족 여부)	
6	**자원관리** ○ 기반구조 및 작업환경을 관리하기 위한 방법을 정하고 있는가?	
7	**설계관리(턴키공사 등 해당하는 경우 적용)** ○ 설계계획(조직적 및 기술적 연계성 구축 포함)의 수립 및 관리 방법을 정하고 있는가? ○ 설계입력기준의 결정 및 문서화 방법을 정하고 있는가? ○ 설계출력물의 관리를 정하고 있는가? ○ 설계검토, 설계검증, 설계타당성확인의 항목 및 방법을 정하고 있는가?	

<table>
<tr><th>항목</th><th>검 토 사 항</th><th>검토내용
(품질관리계획서 관련 조항 기술)</th></tr>
<tr><td>8</td><td>건설공사 수행 준비
○ 건설공사 수행과 관련된 요구사항을 검토하는 시기, 방법 및 책임자를 정하고 있는가?
○ 상충되거나 모호한 요구사항, 현장 실정과 부합되지 않는 요구사항의 해결방법을 정하고 있는가?
○ 건설공사 수행과 직접적으로 관련된 제반 준비사항에 대한 관리방법을 정하고 있는가?</td><td></td></tr>
<tr><td>9</td><td>계약변경
○ 설계변경을 포함한 계약변경의 요청 및 처리방법을 정하고 있는가?
○ 계약이 변경되는 경우, 관련 문서가 수정되고 관련 인원이 변경된 요구사항을 인식하도록 하는 방법을 정하고 있는가?</td><td></td></tr>
<tr><td>10</td><td>교육훈련
○ 다음 사항을 포함한 교육훈련 방법을 정하고 있는가?
• 교육훈련계획의 수립
• 교육의 실시(비정기 교육 포함)
• 교육훈련결과의 보고
○ 교육훈련의 적용대상에는 하도급자, 기능공을 포함한 모든 공사참여자가 대상이 되는가?</td><td></td></tr>
<tr><td>11</td><td>의사소통
○ 다음 사항을 포함하여 내부 및 외부의사소통을 위한 효과적인 방법을 정하고 있는가?
• 요구사항 및 정보의 교환
• 공사관계자간 조직적 및 기술적 연계성
• 부적합 사항, 불일치공사 등 당면문제의 해결
• 건설공사 관계자의 불평, 이에 대한 후속활동
• 비상시 대비 및 대응
• 공사관련자 회의체 구성
○ 필요한 경우, 의사소통은 내부 및 외부 관계자로부터의 의견접수, 검토, 전달, 문서화 및 회신을 포함하고 있는가?</td><td></td></tr>
<tr><td>12</td><td>기자재 구매관리
○ 주요 기자재에 대한 투입계획을 수립토록 정하고 있는가?
○ 다음 사항을 포함한 기자재 구매관리 방법을 정하고 있는가?
• 구매정보의 제공</td><td></td></tr>
</table>

항목	검 토 사 항	검토내용 (품질관리계획서 관련 조항 기술)
	• 발주방법 • 기자재의 검사 및 시험, 또는 검증, 유지관리방법 • 불일치인 경우, 처리하기 위한 방법 • 공장검사가 필요한 제작품의 경우, 검증계획 및 출하방법을 발주서에 명시 ○ 기자재 구매의 관리방식 및 정도는 구매한 기자재의 후속되는 공종이나 공사목적물에 미치는 영향을 고려하였는가?	
13	**지급자재의 관리(지급자재가 있는 경우 적용)** ○ 다음 사항을 포함한 지급자재의 관리 방법을 정하고 있는가? • 지급자재의 파악 및 수급계획 • 지급자재의 검사 및 시험, 또는 검증결과 불일치인 경우 처리하기 위한 방법 • 인수후 발견된 부적절한 사항의 보고 및 처리방법 • 입체 또는 대체 사용이 필요한 경우의 처리방법 • 잉여지급자재의 처리방법	
14	**하도급 관리** ○ 하도급의 필요성 파악과 하도급 계획을 수립토록 정하고 있는가? ○ 다음 사항을 포함하여 하도급된 공종의 관리업무를 정하고 있는가? • 하도급업체의 평가, 선정 • 하도급 계약과 관련된 요구사항의 결정 • 하도급 계약 체결 방법 • 하도급자에게 제공되는 지원업무의 범위 • 하도급된 공종에 대한 검사 및 시험, 검증과 모니터링 방법 • 필요한 기록의 종류, 제출시기 및 방법 ○ 하도급된 공종에 적용되는 관리방식 및 정도는 후속되는 공종이나 공사목적물에 미치는 영향을 고려하였는가?	
15	**공사 관리** ○ 필요한 경우, 작업지침을 수립하였는가? ○ 건설공사 수행과 직결되는 공사 관리업무를 정하고 있는가? • 시공관리(시공계획 수립 포함) • 공정관리 • 공사진도관리(부진공정만회대책 및 수정공정계획의 수립 포함) • 안전관리 및 환경관리 • 시공상세도, 준공도 관리	

항목	검 토 사 항	검토내용 (품질관리계획서 관련 조항 기술)
16	**중점 품질관리** ○ 다음 사항을 포함한 중점 품질관리 대상의 관리업무를 정하고 있는가? • 중점 품질관리 대상의 결정 • 작업에 이용되는 장비에 대한 기준 및 승인 • 작업자에 대한 자격기준 및 자격인정 • 특정방법, 절차의 사용 및 모니터링	
17	**식별 및 추적** ○ 다음 사항을 포함한 식별 및 추적에 대한 관리업무를 정하고 있는가? • 식별 대상의 결정 및 식별방법 • 추적 요구사항을 고려한 추적대상의 파악, 추적의 범위, 정도 및 방법 • 기자재와 공사 목적물에 대한 검사 및 시험상태의 식별방법 ○ 선정된 식별 및 추적대상과 방법은 적절한가?	
18	**기자재 및 공사 목적물의 보존관리** ○ 다음 사항을 포함한 기자재 및 공사 목적물의 보존에 대한 관리업무를 정하고 있는가? • 기자재의 운반 및 투입에 있어 필요한 특별한 취급방법 • 기자재의 품질유지를 위한 보관장소 및 보관방법, 그리고 반입과 반출방법 • 시공된 공사 목적물의 품질보호 방안 • 화재 및 보안관리	
19	**검사장비, 측정장비 및 시험장비의 관리** ○ 검사장비, 측정장비 및 시험장비의 관리는 임대 또는 대여하여 사용하거나, 하도급사 또는 개인이 사용하는 장비를 포함하고 있는가? ○ 다음 사항을 포함한 검사장비, 측정장비 및 시험장비의 관리업무를 정하고 있으며, 적절한가? • 필요한 장비의 결정 및 확보 • 검교정 실시, 장비의 사용여부 판단, 교정상태 식별 • 고유한 식별, 취급, 유지보전 및 보관방법 • 장비의 점검주기, 점검기준 및 점검방법 • 장비가 요구사항을 벗어난 경우, 이전 결과의 유효성 평가 방법 및 필요시 적절한 조치	

항목	검 토 사 항	검토내용 (품질관리계획서 관련 조항 기술)
20	**검사 및 시험, 모니터링** ○다음 사항을 포함한 검사 및 시험, 모니터링에 대한 관리업무를 정하고 있는가? • 검사 및 시험계획의 수립 • 검사 및 시험항목, 합격판정기준, 빈도, 사용되는 장비 및 기법, 책임자의 관리 • 필요한 경우, 발주자 또는 감리자의 입회와 검증의 시기, 장소 및 방법 ○수립된 검사 및 시험계획은 적절한가?	
21	**불일치 공사의 관리** ○다음 사항을 포함한 불일치 공사의 관리업무를 정하고 있는가? • 불일치 공사의 식별 • 불일치 공사의 상태에 대한 문서화 • 불일치 공사에 대한 조치와 필요시 재검사의 실시 • 현상사용의 경우, 권한자의 승인	
22	**데이터의 분석** ○건설공사 운영에 필요한 정보제공을 위하여 데이터 분석에 대한 관리업무를 정하고 있는가?	
23	**시정조치 및 예방조치** ○다음 사항을 포함한 시정조치 및 예방조치에 대한 관리업무를 정하고 있는가? • 시정조치의 경우, 부적합의 검토 • 부적합의 원인 결정 • 부적합에 대한 조치의 필요성 평가 • 필요한 조치의 실행 • 취해진 조치의 검토	
24	**자체 품질점검** ○품질점검을 수행토록 정하고 있는가? ○다음 사항을 포함한 자체 품질점검에 대한 관리를 정하고 있는가? • 점검기준, 범위, 주기, 점검자 선정을 포함한 점검계획의 수립 • 점검 수행방법 및 점검결과 보고 • 필요한 경우, 부적합 사항의 시정 및 시정조치 수행 • 취해진 후속조치의 검증 및 검증결과의 보고	

항목	검 토 사 항	검토내용 (품질관리계획서 관련 조항 기술)
25	**건설공사 운영성과의 검토** ○ 건설공사 운영성과 검토를 수행토록 정하고 있으며, 필요시 건설공사 운영성과의 검토결과에 따라 후속조치를 하도록 정하고 있는가? ○ 건설공사 운영성과 검토 대상은 다음 사항을 포함하고 있는가? • 현장 품질방침 및 품질목표의 관리상태 • 내부 및 외부 점검결과 • 불일치 공사의 발생빈도 및 특성 • 민원 및 발주자 불만사항 • 시정조치 및 예방조치 상태 • 건설공사 수행에 영향을 줄 수 있는 변경 사항 • 문제점, 애로사항 및 개선을 위한 제안 ○ 건설공사 운영성과를 검토하기 위한 관리업무를 정하고 있는가?	
26	**공사준공 및 인계** ○ 다음 사항을 포함한 공사 준공에 관한 관리를 정하고 있는가? • 필요한 경우, 시운전을 위한 계획 및 시운전 절차 수립 • 준공검사의 신청 • 해당되는 경우, 불일치공사에 대한 처리 • 준공도면의 검토 및 제출 • 준공표지의 설치 ○ 다음사항을 포함한 인계에 관한 관리를 정하고 있는가? • 시설물 인계 계획의 수립 • 본사로 이관될 현장문서의 파악 및 인계 • 감리자 또는 발주자에게 인계할 현장문서의 파악 및 인계	
	추가 검토사항(필요한 경우)	

주) 검토내용에는 객관적 증거(품질관리계획서 관련 조항)를 명확히 기술하여야 함.

※ 품질관리(적적성) 확인요령 Check List는 건설공사 품질관리계획 수립 및 운영요령 참고 (2005. 2. 건설교통부)

9) 품질관리계획 점검사항

점 검 항 목	점 검 사 항	점검결과	비고
Ⅰ. 일반사항			
4. 시공자의 기본 임무	• 품질관리계획·품질시험계획에 대한 수립의 적절성, 적용성 및 필요시 개정관리 여부		
Ⅱ. 품질관리계획 요건			
1. 건설공사 정보	• 발주자 요구사항의 결정 및 충족 여부		
2. 현장 품질방침 및 품질목표	• 현장 품질방침의 수립여부 • 현장 품질목표 설정, 추진계획의 수립 및 실행 여부 • 품질관리계획 실행과 관련하여 전직원의 참여를 위한 동기부여 여부		
3. 책임 및 권한	• 조직편성 및 적정인력 배치 여부 • 각 조직 인원의 업무분장 실시 여부		
4. 문서관리	• 품질관리계획을 운영하는 방식의 적절성 • 고객문서와 자료의 비치 및 관리 상태		
5. 기록관리	• 품질기록의 보관 및 보호 상태		
6. 자원관리	• 품질관리(검사, 시험 등) 업무수행자의 적격 인력 배치 여부 • 품질관리에 필요한 자원(시설, 장비, 인력 등)의 적정 확보 및 유지 여부		
7. 설계관리	• 설계계획의 수립 여부 및 적절성 • 설계입력 기준의 적절성과 설계출력물의 관리 여부 • 설계검토, 설계검증 및 설계타당성 확인의 실시여부 및 방법의 적절성		
8. 건설공사 수행준비	• 설계도서, 법규 및 KS 규격 등의 시공 전 검토여부		
9. 교육훈련	• 계약변경(설계변경 포함) 관리의 적절성		
10. 의사소통	• 품질에 영향을 미치는 업무를 수행하는 모든 종사자의 교육훈련 실시 여부		
11. 기자재 구매관리	• 품질관리계획의 이행과 건설공사 운영을 위한 내·외부 의사소통의 적절성 여부 • 민원, 발주자(감리자) 불만에 대한 처리 여부		
12. 지급자재의 관리	• 기자재 수급계획의 수립, 검증, 식별, 보관, 재고관리 및 주기적인 점검실시 여부		

점 검 항 목	점 검 사 항	점검결과	비고
13. 하도급 관리	• 지급자재 수급계획의 수립, 식별, 검증, 보관(분실, 손상관리 포함), 재고관리의 적정 수행 여부		
14. 공사 관리	• 하도급에 대한 선정 및 평가 여부 • 하도급에 대한 계약 및 이행상태 관리 여부		
15. 중점 품질관리	• 품질에 영향을 미치는 공종의 파악, 관리계획의 수립 및 이행 여부 • 안전관리 및 환경관리 여부 • 시공상세도, 준공도의 관리 여부		
16. 계약변경	• 중점품질관리 대상의 관리 여부		
17. 식별 및 추적	• 식별 및 추적관리 대상 파악 및 이행 여부 • 검사 및 시험상태(검사대기, 검사중, 부적합) 식별 여부		
18. 기자재 및 공사 목적물의 보존관리	• 기자재, 기 시공부위 및 완성된 시설물의 보존상태		
19. 검사장비, 측정장비 및 시험장비의 관리	• 검사장비, 측정장비 및 시험장비 확보, 교정검사 실시 및 교정상태의 식별 여부		
20. 검사 및 시험, 모니터링	• 검사 및 시험계획에 대한 항목, 합격판정기준, 빈도 등의 적절성 • 자재 및 공정 검사의 적기 실시 여부와 검사 및 시험결과 대한 기록의 적절성		
21. 불일치 공사의 관리	• 불일치 공사(자재 포함), 하자발생에 대한 발주자(감리자)와의 처리방법 협의 및 이행의 적정성		
22. 데이터의 분석	• 개선을 위한 프로세스의 적절성 여부 • 발주자(감리자) 불만에 대한 분석의 실시 여부 • 품질개선을 위한 데이터의 수집, 분석 및 적용에 대한 이행 여부		
23. 시정조치 및 예방조치	• 품질관리계획 운영과 관련하여 취해진 시정조치 및 예방조치의 적절성		
24. 자체 품질점검	• 품질관리계획의 적합성, 효과성, 이행성등에 대한 자체 품질점검의 실시 및 해당되는 경우, 필요한 조치의 실행 여부		
25. 건설공사 운영성과의 검토	• 품질관리계획의 운영전반에 대한 정기적인 성과검토의 실시 여부		
26. 공사준공 및 인계	• 공사 준공 및 인계 관리의 적절성 여부		

2.2 품질시험계획서

1) 품질시험계획 이행절차

계획수립 (건설기술진흥법 제55조 제2항)	◦ 건설업자 또는 주택건설등록업자
제 출 (건진법시행령 제90조 제1항, 제2항)	◦ 공사감독자 또는 건설사업관리기술자의 확인을 받아 공사 착공 전 발주자에게 제출하여야 한다. ◦ 발주자 중 발주청이 아닌 자는 품질관리계획 또는 품질시험계획 내용을 허가 등을 한 행정기관의 장에게 제출하여야 한다.
검 토 (건진법시행령 제90조 제3항)	◦ 발주자 또는 행정기관의 장은 품질관리계획 또는 품질시험계획 내용을 검토하여 보완하여야 할 사항이 있는 경우 보완 요구
확 인 (건설기술진흥법 제92조 제2항, 제5항) (서울특별시건설공사품질관리등에 관한 조례 제11조 제3항)	◦ 발주자는 품질시험계획에 따라 품질관리업무를 적정하게 수행하고 있는지 여부를 확인(연 1회 이상) ◦ 품질관리업무의 적정수행여부를 확인할 수 없을 때에는 서울특별시 품질시험소장에게 대행 의뢰
완 료 (건진법시행령 제92조 제4항) (서울특별시건설공사품질관리등에 관한 조례 제11조 제6항	◦ 확인결과 시정이 필요하다고 인정하는 경우 건설업자 또는 주택건설등록업자는 지체 없이 이를 시정 후 그 결과를 발주자에게 통보하여야 한다. ◦ 의뢰자는 조치결과를 2월 이내에 시험소장에게 통보하여야 한다.

2) 수립 대상공사의 범위(영 제89조 제2항)

(1) 총공사비 5억원 이상인 토목공사
(2) 연면적 660㎡ 이상인 건축물의 건축공사
(3) 총공사비 2억원 이상인 전문공사

※ 총공사비는 관급 자재비를 포함하되 토지 등의 취득·사용에 따른 보상비를 제외한 금액을 말한다.(시행령 제89조 제1항)

3) 품질시험계획 수립(영 제89조 제2항)

(1) 건설업자 또는 주택건설등록업자는 품질시험계획을 수립하여야 한다.
(2) 품질시험계획의 내용(시행령 제89조 별표9)
- ○ 개요
- ○ 시험계획 회수
- ○ 시험시설
- ○ 시험인력 배치 계획

4) 품질시험계획의 이행여부 확인 실시

(1) 발주자는 건설업자 또는 주택건설등록업자가 품질시험계획에 따라 건설공사의 시공 및 사용재료에 대한 품질관리 업무를 적정하게 수행하고 있는지 여부를 확인할 수 있다.(영 제92조 제2항)
(2) 발주자가 품질관리업무의 적정수행 여부를 확인 하려는 경우에는 건설업자 또는 주택건설 등록업자가 참여할 수 있도록 하여야 한다.(영 제92조 제3항)
(3) 발주자는 확인 결과 시정이 필요하다고 인정하는 경우에는 당해 건설 업자 또는 주택건설 등록업자에게 시정을 요구할 수 있으며, 시정을 요구받은 건설업자 또는 주택건설 등록업자는 지체 없이 이를 시정한 후 그 결과를 발주자에게 통보하여야 한다.(영 제92조 제4항)
(4) 발주자는 품질관리업무의 적정수행 여부의 확인을 품질검사 전문기관 또는 국공립시험기관에 의뢰하여 실시할 수 있다.(영 제92조 제5항)

5) 품질시험 업무 절차

(1) 품질시험계획서 작성

① 품질관리자는 작업절차서, 공사시방서, 계약서, 도면, 규격 또는 관계법령에 따라 품질관리시험계획서를 작성하여 품질관리책임자의 검토와 현장소장 및 감리자의 승인을 받는다.

② 품질시험계획서는 최소한 작성자 이름, 시험장소, 시험계획서의 번호, 주요 시험내용을 포함해야 한다.

(2) 검사 및 시험수행

① 품질관리자는 품질시험계획서의 시험예정일로부터 적어도 1일 전까지는 해당 건설사업관리단에 적절한 방법으로 검사 또는 입회 요청을 해야 한다.

② 품질관리자는 검사 및 시험계획에 따라 검사업무를 수행하고 관련기록을 해당 검사 및 시험계획서 뒤에 철하여 관리한다.

③ 공사진행 중 공사담당자는 시험담당에게 시험실시 시기를 통보하여 시험을 실시토록 하고 품질시험 담당자는 그 결과를 "품질시험대장"에 기재하고 시험성과표와 함께 현장소장 또는 건설사업관리단의 승인을 받아야 한다.

(3) 부적합사항 관리

품질시험시 부적합 사항이 발견되면 "부적합사항의 관리절차서"에 따라 처리되어야 한다.

(4) 최종검사

최종적으로 완성된 제품이 규정된 요구사항과 일치함을 확인하기 위하여 최종검사를 수행해야하며, 최종검사는 건설사업관리단에서 시행하는 준공검사로 대체 할 수 있다.

6) 품질시험계획서 작성 세부 목록

1. 공사개요
2. 시험실 운영 목적
3. 검사 및 시험활동 업무내용
4. 현장 시험실 시설 및 인력배치 기준
5. 품질관련 조직도 및 자격사항
6. 시험실 운영계획
7. 시험관련 주요업무 절차
8. 품질시험 계획
9. 시험실 장비 현황
10. 품질서류 양식

7) 품질시험 검사 및 품질시험 업무내용

1. 품질시험 관련 법적기준 식별
2. 품질시험계획 작성 및 이행
3. 시험실 및 시험장비 운영계획
4. 인수검사/공장검사
5. 품질시험활동(자체시험/의뢰시험)
6. 시험일지/대장 작성
7. 시험기기관리(검교정 관리)
8. 기록서 및 성적서 유지관리(문서분류/관리/이관)
9. 불합격품조치관리
10. 시험 DATA 관리(월별 실적보고/시험성과 총괄표)

8) 품질시험계획 수립내용(시행령 제89조 2항 별표9)

1. 개요
   - 가. 공사명　　　　　　나. 시공자
   - 다. 현장대리인
2. 시험계획 횟수
   - 가. 공종　　　　　　　나. 시험종목
   - 다. 시험계획물량　　　라. 시험빈도
   - 마. 계획시험 횟수　　　바. 기타
3. 시험시설
   - 가. 장비명　　　　　　나. 규격
   - 다. 단위　　　　　　　라. 수량
   - 마. 시험실 배치 평면도　바. 기타
4. 품질관리자 배치계획
   - 가. 성명　　　　　　　나. 등급
   - 다. 품질관리 업무 수행기간　라. 기술자격 및 학력·경력사항
   - 마. 그 밖의 사항

9) 품질시험계획에 대한 점검사항

점 검 사 항	점검결과	비 고
1. 품질시험·검사에 필요한 관련 자료의 구비·활용 여부		
2. 품질시험계획 내용의 적정성 여부 - 주요 자재의 검사 포함 여부 - 주요 공정의 검사 포함 여부		
3. 품질관리법령·규정, 품질시험계획에 필요한 품질시험·검사 요원, 시설 및 장비 등의 적정 확보 여부		
4. 품질시험계획에 의한 품질시험·검사의 적기·적정빈도 실시 여부		
5. 품질시험 또는 검사한 성과의 기록유지 여부		
6. 품질시험·검사장비의 관리 여부 - 교정검사 실시 및 교정상태의 식별표시 - 검사장비·측정장비 및 시험장비의 적정관리		
7. 부적합품 및 부적합공정 처리 등의 적정 여부		

※ 비고

1. 품질관리계획에 대한 점검사항은 품질관리계획수립 대상공사에만 적용하며, 품질시험계획에 대한 점검사항은 품질시험계획수립 대상공사에 적용한다.(단, 품질관리 계획내에 품질시험계획이 포함된 경우에는 품질시험계획에 대한 점검사항을 적용하여 점검할 수 있음)
2. 이 기준은 일반적인 공통사항에 대한 것이므로 당해 공사의 규모·특성·중요도 등에 따라서 필요한 부분을 추가·수정 또는 삭제하여 사용할 수 있다.

10) 품질시험계획서 예시안

표준명 : 품질시험계획서

표준분류 : 관리표준(업무지침)

표준번호 :

개정번호 :

개정일자 : 년 월 일

시행일자 : 년 월 일

작성부서 :

적용범위 : 현장품질시험관리

표준개요 : 현장 품질시험계획서의 sample 제시를 통해 법적규정을 만족하고 업무의 효율성을 높임.

제·개정이력 :

Rev. No	일 자	사 유	주관팀	비 고
0		최초제정		

구 분	작 성 자	검 토 자	검 토 자	승 인 자
직 책				
성 명				
일 자				

품질시험 계획서

신축공사

○ 관 리 구 분 : 관　리　본 □
비 관 리 본 □
○ 관 리 번 호 :
○ 배　포　처 :
○ 관　리　자 :

○ ○ 건 설 (주)

제 목 : 품질시험 계획서	문서번호 : 000-현장코드- 개정/일자 : 00/Year-Month-Day 페 이 지 : 2 / 35쪽

목 차

변경사유	제 정					
구 분	작성자	검토자	검토자	검토자	검토자	승인자
직 책						
성 명						
서 명						
일 자						

제 목 : 품질시험 계획서	문서번호 : 000-현장코드- 개정/일자 : 00/Year-Month-Day 페 이 지 : 3 / 35쪽

1.0 공사개요

항목	내용
1.1 공 사 명	
1.2 위 치	
1.3 발 주 자	
1.4 시 공 자	
1.5 설 계 자	
1.6 감 리 자	
1.7 공사기간	
1.8 공사개요	
1.9 대지면적	
1.10 연 면 적	
1.11 공사규모	

제 목 : 품질시험 계획서	문서번호 : 000-현장코드- 개정/일자 : 00/Year-Month-Day 페 이 지 : 4 / 35쪽

2.0 목 적

__________________ 현장 관련하여 품질보증의 이행을 위한 체계적인 품질관리 활동의 일환으로 현장 품질시험 및 운영관리 체계를 수립, 시행하여 법적 기준에 적합하도록 관리하고 시공 품질 향상에 기여하고자 한다.

3.0 검사 및 시험활동 업무내용

1) 품질시험 관련 법적기준 식별
2) 품질시험계획 작성 및 이행
3) 시험실 및 시험장비 운영계획
4) 인수검사 / 공장검사
5) 품질시험활동(자체시험 / 의뢰시험)
6) 시험일지 / 대장 작성
7) 시험기기관리(검교정 관리)
8) 기록서 및 성적서 유지관리(문서분류 / 관리 / 이관)
9) 불합격품 조치관리
10) 시험 DATA 관리(월별 실적보고 / 시험성과 총괄표)

제 목 : 품질시험 계획서	문서번호 : 000-현장코드- 개정/일자 : 00/Year-Month-Day 페 이 지 : 5 / 35쪽

4.0 현장 시험실 시설 및 인력배치 기준

법적기준치(시행규칙 제50조 제4항, 별표 5)

대상공사 구분	공 사 규 모	시험, 검사장비	시험실 규모	건설기술자
특급품질 관리대상 공사	영 제89조 제1항 제1호 및 제2호에 따라 품질관리계획을 수립하는 건설공사로서 총공사비가 1000억원 이상인 건설공사 또는 연면적 5만㎡ 이상인 다중이용건축물의 건설공사	영 제91조 제1항에 따른 품질검사를 실시하는 데에 필요한 시험, 검사장비	100㎡	가. 특급기술자 1명 이상 나. 중급기술자 2명 이상
고급품질 관리대상 공사	영 제89조 제1항 제1호 및 제2호에 따라 품질관리계획을 수립하는 건설공사로서 특급품질관리대상 공사가 아닌 건설공사	영 제91조 제1항에 따른 품질검사를 실시하는 데에 필요한 시험, 검사장비	50㎡	가. 고급기술자 1명 이상 나. 중급기술자 2명 이상
중급품질 관리대상 공사	총공사비가 100억원 이상인 건설공사 또는 연면적 5,000㎡ 이상인 다중이용건축물의 건설공사로서 특급 및 고급품질관리대상 공사가 아닌 건설공사	영 제91조 제1항에 따른 품질검사를 실시하는 데에 필요한 시험, 검사장비	30㎡	가. 중급기술자 1명 이상 나. 초급기술자 1명 이상
초급품질 관리대상 공사	영 제89조 제2항에 따라 품질시험계획을 수립하는 건설공사로서 중급품질관리대상 공사가 아닌 건설공사	영 제91조 제1항에 따른 품질검사를 실시하는 데에 필요한 시험, 검사장비	20㎡	초급기술자 1명 이상

[주 1] 시험, 검사장비 및 요원의 배치시점은 필요 공정시 배치가능, 감리단 승인 확보
[주 2] 현장실정 고려, 시험실 규모, 설치 조정가능, 감리단 승인 확보

제 목 : **품질시험 계획서**	문서번호 : 000-현장코드- 개정/일자 : 00/Year-Month-Day 페 이 지 : 6 / 35쪽

(현장현황)

대상공사 구분	공 사 규 모	시험 검사장비	시험실 규모	건설기술자
	공사금액 : 억 연 면 적 : ㎡ 용 도 :	법적기준과 상이할 경우 적정한 사유를 기재		

제 목 : 품질시험 계획서	문서번호 : 000-현장코드- 개정/일자 : 00/Year-Month-Day 페 이 지 : 7 / 35쪽

5.0 품질관련 조직도 및 자격사항

5.1 조직도

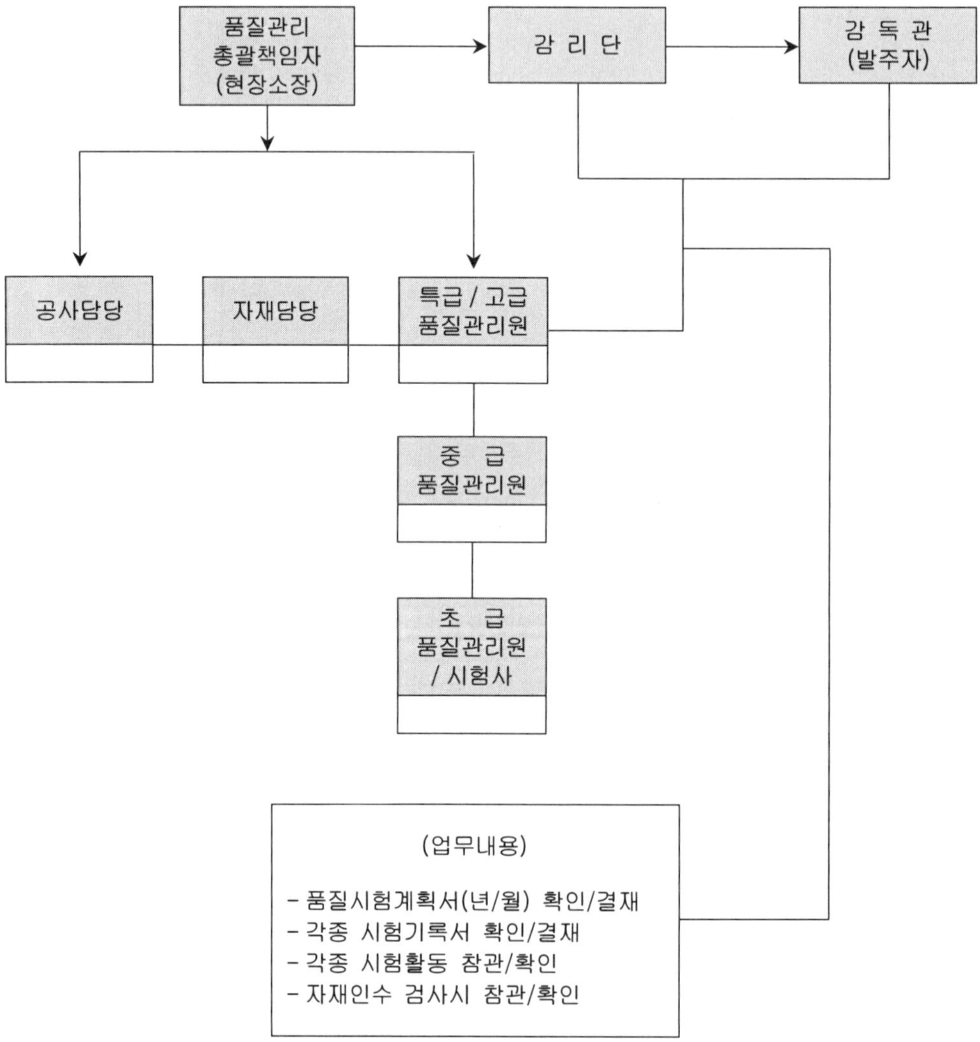

제 목 : 품질시험 계획서	문서번호 : 000-현장코드- 개정/일자 : 00/Year-Month-Day 페 이 지 : 8 / 35쪽

5.2 품질관리원 자격사항

등 급	성 명	주민등록번호	수행기간	자격번호	비 고
특급 /고급					
중 급					
초급 /시험사					

5.3 첨 부

1) 경력확인 증명서

2) 기술자 자격증명서 사본

제 목 : 품질시험 계획서	문서번호 : 000-현장코드- 개정/일자 : 00/Year-Month-Day 페 이 지 : 9 / 35쪽

6.0 시험실 운영계획

6.1 시험실 평면도 및 기구배치계획

평면도 작성 / 바닥면적 표기(미설치 현장은 "운영계획없음"으로 명기)

6.2 시험실 운영 기간 : 20 년 월 일 ~ 20 년 월 일
(개월)

제 목 : **품질시험 계획서**	문서번호 : 000-현장코드- 개정/일자 : 00/Year-Month-Day 페 이 지 : 10 / 35쪽

7.0 시험관련 주요업무 절차

7.1 자재시험 운영 Flow

단계	관 리 항 목	근 거 자 료
품질시험계획수립	• 법적기준항목 식별 • 계약/허가조건의 식별 • 공정표/자재소요계획서 반영 • 품질시험종목 지정	• 품질시험항목(법적기준) • 공정표/자재소요계획서 • 월별관리시험 계약서
⬇		
자재 Submittal 및 승인	• 설계변경에 따른 선정시험 선행 • 자재성능/규격/시험 DATA 확보 • Sample 제출 및 승인	• 자재시방서/품질기준서 • 자재 Submital 및 승인서철 • Sample 제출 및 승인근거 • Sample 채취 및 시험의뢰 근거
⬇		
자 재 청 구	• "자재소요계획소"에 의한 월별 청구관리 • 자재청구시 구매조건/기술 DATA/수립 • 검사 및 시험조건, 기준반영	• 자재청구서 • 자재 구매 DATA/구매조건 • 도면/시방서/SHOP DWG • 검사 및 시험기준
⬇		
자 재 반 입	• 공장검사보고서의 검사, 시험근거 자료 • 인수검사보고서의 검사, 시험근거 자료 • 합격/불합격 명기(규격관리)	• 공장검사보고서 • 인수검사보고서 • 규격관리
⬇		
검사 및 시험	• 자체 및 의뢰시험 구분 • 시공보다 선행관리 • 시험 DATA 기록유지	• 공장검사보고서 • 인수검사보고서 • 규격관리 • 시험 성과표 • 시험대장(종목별)
⬇		
합격/불합격에 따른 보관/식별관리	• 합격자재의 식별표기 • 불합격 자재의 처리대장관리 • 반출 근거자료	• 불합격 처리대장 • 반출근거자료 • 합격/불합격 식별
⬇		
실 시 공	• 합격 자재만 반입 및 시공 • 지속적인 추적관리	• Inspection Sheet에 확인

제 목 : 품질시험 계획서	문서번호 : 000-현장코드- 개정/일자 : 00/Year-Month-Day 페 이 지 : 11 / 35쪽

7.2 외부의뢰 시험(공인기관) 운영 Flow

의뢰시험 종목선정 사진촬영(Sample 및 채취하는 장면) — 품질관리원 / 감리, 감독, 현장소장 확인 — Sample 봉인 및 시험의뢰 — 시험결과 접수 및 판정

현장소장확인 결정 — 감리, 감독 통보
- 합 격 → 실 시 공
- 불합격 → 자재반입 중지

7.3 현장 검교정 관리 Flow

시험장비반입계획서 ⇨ 시험장비 반입 ⇨ 시험장비 배치 ⇨ 장비 보관

- 시험장비반입계획서
  - 제조업체 장비 사양 확보
- 시험장비 반입
  - 검교정 필증부착 확인
  - 장비의 검교정 성적서 확보
- 시험장비 배치
  - 검교정 관리대장 작성 유지
- 장비 보관
  - 중요부위 보호 조치

장비 사용 ⇨ 조정 및 수리 ⇨ 사후관리

- 장비 사용
  - 고장발생시 "사용보류" 스티커 부착
- 조정 및 수리
  - 공인기관 교정 의뢰후 수리
- 사후관리
  - 검교정 기록서 검교정 관리대장 (양식12, 18) 작성유지

7.4 불합격품 업무 Flow

시험실시 ⇨ 시험실시 불 합 격 ⇨ 불합격품 반출광경 사진촬영 ⇨ 시험불합격품 조치표 작성

- 시험실시
  - 시험실장/시험기사
  - 감리/감독 입회
- 시험실시 불 합 격
  - 시험일지 및 시험대장에 기록 (양식16)
  - 시험결과 사진 촬영
- 불합격품 반출광경 사진촬영
  - 반출차량 번호
  - 장외 반출중
- 시험불합격품 조치표 작성
  - 시험번호
  - 장외반출 광경사진
  - 반출중
  - 시험 Data 기록 (양식17)

제 목 : 품질시험 계획서	문서번호 : 000-현장코드- 개정/일자 : 00/Year-Month-Day 페 이 지 : 12 / 35쪽

8.0 품질시험 계획(현장 해당되는 시험종목을 추출하여 현장여건 고려한 시험방법 계획수립)

1. 공 통

가. 토공사 및 기초공사

종 별	시 험 종 목	시 험 빈 도	대상물량 (계약수량)	시험 횟수	비 고 (시험방법)
성토용 흙	함수량	• 토취장마다			자체시험 or 의뢰시험 or 성적서 대체 중 택일
	입도				
	흙의 0.08mm체 통과량				
	비중				
	액성한계				자체시험
	소성한계				
	실내 CBR				
	다짐				
	토질조사				
	투수	• 토취장마다			자체시험
	직접전단				
	3축압축				
터파기	토질조사	• 필요시			
	구조물재하	• 필요시 100㎡마다			
	말뚝재하	• 필요시			
되메우기 및 구조물 뒷채움	다짐	• 재질 변화시마다			자체시험
	현장밀도	• 독립구조물 : 개소별 3층마다 • 연속구조물 : 3층마다, 50m마다 • 관로매설물 : 3층 100m마다			자체시험
	평판재하	• 현장밀도시험 불가능시			의뢰시험
	입도	• 토질변화시마다			자체시험
	함수량	• 현장밀도시험의 빈도			자체시험

제 목 : 품질시험 계획서	문서번호 : 000-현장코드- 개정/일자 : 00/Year-Month-Day 페 이 지 : 13 / 35쪽

종 별	시 험 종 목	시 험 빈 도	대상물량 (계약수량)	시험 횟수	비 고 (시험방법)
지반조사 (연약지반 등)	토질조사	• 1개 지구마다 3개소 이상			자체시험 or 의뢰시험 or 성적서 대체 중 택일
	함수량				
	입도				
	비중				
	액성한계				
	소성한계				
	흙의 0.08mm체 통과량				자체시험
	흙의 입밀시험	• 보링 개소마다			
	1축 압축강도시험				
	3축 압축시험				
	표준관입시험				
	흙의 투수시험	• 필요시			
	점성토의 현장 베인전단시험				
	압밀배수 조건하의 직접전단시험				
	동적콘관입시험				
원심력 PC말뚝	KSF 4303에 규정된 시험종목	• 제조회사마다 • 200개마다			성적서 대체 (반입검수)
원심력 고강도 콘크리트 말뚝	KSF 4306에 규정된 시험종목	• 제조회사마다 • 200개마다			성적서 대체 (반입검수)
강관말뚝	KSF 4602에 규정된 시험종목	• 제조회사마다 • 200개마다			성적서 대체 (반입검수)
	용접부의 비파괴검사	• 10 이음당 1회			자체시험

<table>
<tr><td>제 목 :
품질시험 계획서</td><td>문서번호 : 000-현장코드-
개정/일자 : 00/Year-Month-Day
페 이 지 : 14 / 35쪽</td></tr>
</table>

나. 콘크리트 공사

<table>
<tr><th>종 별</th><th>시 험 종 목</th><th>시 험 빈 도</th><th>대상물량
(계약수량)</th><th>시험
횟수</th><th>비 고
(시험방법)</th></tr>
<tr><td rowspan="12">골재
(부순골재
포함)</td><td>체가름</td><td rowspan="7">• 골재원마다
• 1,000㎥마다</td><td></td><td></td><td rowspan="2">자체시험</td></tr>
<tr><td>0.08mm체 통과량</td><td></td><td></td></tr>
<tr><td>비중</td><td></td><td></td><td>자체시험</td></tr>
<tr><td>흡수율</td><td></td><td></td><td>자체시험</td></tr>
<tr><td>모래의 유기불순물</td><td></td><td></td><td>자체시험</td></tr>
<tr><td>마모</td><td></td><td></td><td>자체시험</td></tr>
<tr><td>안전성</td><td></td><td></td><td>자체시험</td></tr>
<tr><td>단위중량</td><td>• 골재원마다
• 재질변화시마다</td><td></td><td></td><td>자체시험</td></tr>
<tr><td>염화물함유량</td><td>• 공급회사별
• 1일 3회 이상</td><td></td><td></td><td>자체시험</td></tr>
<tr><td>골재의 알카리 잠재반응 시험</td><td>• 골재원마다
• 재질변화시마다</td><td></td><td></td><td>자체시험</td></tr>
<tr><td>표면수량</td><td>• 1일 1회 이상</td><td></td><td></td><td>자체시험</td></tr>
<tr><td colspan="5" style="display:none"></td></tr>
<tr><td>콘크리트용
고로슬래그
굵은골재</td><td>KS F 2544에 규정된 종목</td><td>• 제조회사별
• 1,000㎥마다</td><td></td><td></td><td>자체시험</td></tr>
<tr><td>시멘트</td><td>KS L 1592
KS L 5201
KS L 5204
KS L 5210 및
KS L 5219에 규정된 시험종목</td><td>• 제조일로부터 3월이 되어 재질의 변화가 있다고 인정되는 때
• 300톤마다</td><td></td><td></td><td>의뢰시험</td></tr>
<tr><td>물
(수질검사)</td><td>KS F 4009에 규정</td><td>• 음용수가 아닌 경우
• 취수원이 달라질 때마다</td><td></td><td></td><td>의뢰시험</td></tr>
<tr><td>콘크리트
화학혼화제</td><td>KS F 4009에 규정</td><td>• 제조회사별
• 3월 이상 저장하여 재질의 변화가 있다고 인정되는 때마다</td><td></td><td></td><td>의뢰시험</td></tr>
</table>

제 목 : 품질시험 계획서	문서번호 : 000-현장코드- 개정/일자 : 00/Year-Month-Day 페 이 지 : 15 / 35쪽

종 별	시 험 종 목	시 험 빈 도	대상물량 (계약수량)	시험 횟수	비 고 (시험방법)
콘크리트 양생제	KS F 4009에 규정	• 제조회사별 • 3월 이상 저장하여 재질의 변화가 있다고 판단되는 때마다			의뢰시험
콘크리트 팽창제	KS F 4009에 규정				의뢰시험
철근 콘크리트 방청제	KS F 4009에 규정				의뢰시험
플라이애쉬	KS F 4009에 규정				의뢰시험
굳지 아니한 콘크리트	배합설계	• 재료가 다른 각 배합마다			자체시험
	현장배합수정	• 작업개시전 1회			자체시험
	온도	• 150㎥마다			자체시험
	KS F 4009에 규정	• 배합이 다른 때마다 • 콘크리트 1일 타설량이 150㎥미만인 경우 : 1일 타설량마다 • 콘크리트 1일 타설량이 150㎥이상인 경우 : 150㎥마다			자체시험
철근 및 강재 (압접철근 포함)	KS D 3504 KS D 3527 KS D 3613 KS D 3503 KS D 3515 KS D 3529 KS D 3530 KS D 3542 KS D 3558 KS D 3593에 규정	• 제조회사별 • 제품규격별 100톤마다 • 용접이음 부위는 500개소마다			성적서 대체 (반입검수)
콘크리트 포장용 주입줄눈	KSF 2538 / KSF 4910에 규정된 시험종목	• 제조회사별			성적서 대체 (반입검수)
철근가스 압접이음	외관검사	• 모든 이음마다			자체시험
	초음파 탐사법	• 1검사 로트에 20개소 이상			자체시험

제 목 :	문서번호 : 000-현장코드-
품질시험 계획서	개정/일자 : 00/Year-Month-Day
	페 이 지 : 16 / 35쪽

종 별	시 험 종 목	시 험 빈 도	대상물량 (계약수량)	시험 횟수	비 고 (시험방법)
	인장시험	• 1검사 로트에 시험편 3개			의뢰시험
PC강선 및 PC강연선	KSD 70032에 규정된 시험종목	• 제조회사별			성적서 대체 (반입검수)
PC봉강	KSD 3505에 규정된 시험종목	• 제조회사별			성적서 대체 (반입검수)
용접철망	KSD 7017에 규정된 시험종목	• 제조회사별			성적서 대체 (반입검수)
플 랜 트	계량기의 눈금점검, 자동계량장치 점검	• 작업개시전 1회			자체시험
	믹서성능시험	• 필요시마다			자체시험
그라우딩	컨시스턴시	• 작업개시전 1회			자체시험
	블리딩				자체시험
	블리딩률 및 팽창률				자체시험
	압축강도				
콘크리트 조립식 부재	KSF 4722 KSF 4726 KSF 4729에 규정된 시험종목	• 제조회사별 • 제품규격별			의뢰시험
경량기포 콘크리트 조립식 부재	KSF 4914에 규정된 시험종목	• 제조회사별 • 제품규격별			의뢰시험
PC조립식 구조 접합부	결합부 결함 (초음파 탐상)	• 층별 5개소			의뢰시험

<table>
<tr><td>제 목 :
품질시험 계획서</td><td>문서번호 : 000-현장코드-
개정/일자 : 00/Year-Month-Day
페 이 지 : 17 / 35쪽</td></tr>
</table>

다. 철구조물 공사

<table>
<tr><th>종 별</th><th colspan="2">시 험 종 목</th><th>시 험 빈 도</th><th>대상물량
(계약수량)</th><th>시험
횟수</th><th>비 고
(시험방법)</th></tr>
<tr><td rowspan="5">강재
(용접부
반입검사)</td><td colspan="2" rowspan="2">용접부의 내부결함</td><td>• 맞이음부재 총연장의 5/100 또는 10 이음에 대하여 1장</td><td></td><td></td><td>의뢰시험</td></tr>
<tr><td>• 완전 용입부위의 20개소에 대하여 1개소</td><td></td><td></td><td>자체시험</td></tr>
<tr><td colspan="2">표면결함검사</td><td>• 전용접 부위에 대하여 무작위 추출하여 10% 이상</td><td></td><td></td><td>자체시험</td></tr>
<tr><td colspan="2" rowspan="2">스터드 용접부의 검사</td><td>• 100개 또는 주요부재 1개에 용접한 숫자중 작은쪽을 1개 검사 로트로 하여 1개 검사 로트마다 1개씩 검사</td><td></td><td></td><td>자체시험</td></tr>
<tr><td>• 100개 또는 주요부재 1개에 용접한 숫자중 작은쪽을 1개 검사 로트로 하여 1개 검사 로트마다 1개씩 검사</td><td></td><td></td><td>자체시험</td></tr>
<tr><td rowspan="3">강교용접</td><td colspan="2">맞이음의 내부결함</td><td>• I형보, 상자형보·트러스·아치 등의 이음부재 총연장의 5/100 또는 5 이음에 대하여 1장</td><td></td><td></td><td>자체시험</td></tr>
<tr><td rowspan="2">필렛
용접</td><td>균열</td><td>• 주부재의 크레이터측 10개소마다 1개소</td><td></td><td></td><td>자체시험</td></tr>
<tr><td>용접 비이드의 외관 및 상</td><td>• 주부재의 이음마다</td><td></td><td></td><td>자체시험</td></tr>
<tr><td>마찰접합
용고장력
볼트와
너트</td><td colspan="2">KSB 1010에 규정된 시험종목</td><td>• 제조회사별
• 제품규격별</td><td></td><td></td><td>의뢰시험</td></tr>
</table>

제 목 : 품질시험 계획서	문서번호 : 000-현장코드- 개정/일자 : 00/Year-Month-Day 페 이 지 : 18 / 35쪽

라. 기타

종 별	시 험 종 목	시 험 빈 도	대상물량 (계약수량)	시험 횟수	비 고 (시험방법)
석 재	비중 및 흡수율	• 골재원마다 • 재질의 변화시마다			자체시험
	압축강도				
	탄성파 속도				
지반보강 섬유	두께	• 20,000㎡마다 • 제조회사별 • 제품규격마다			자체시험
	무게				
	인장강도 및 신도				
	봉합강도				
	투수				
	유효구멍크기				
	혼용율 및 재질				
	파열강도	• 필요시			
	인열강도				
드레인보드 (Drain Board)	인장강도 및 신도	• 20,000㎡마다 • 제조회사별 • 제품규격마다			자체시험
	투수				
	무게				
	유효구멍크기				
	내약품성				의뢰시험
상수도용 관	KSD 3565 KSM 3408 KSM 3401에 규정된 시험종목	• 제조회사별 • 제품규격별			의뢰시험
하수도용 관	KSM 3404 KSM 3407 KSF 4402 KSF 4403 KSF 4405 KSF 4406에 규정된 시험종목				자체시험

제 목 : 품질시험 계획서	문서번호 : 000-현장코드- 개정/일자 : 00/Year-Month-Day 페 이 지 : 19 / 35쪽

3. 건축

가. 조적공사

종 별	시 험 종 목	시 험 빈 도	대상물량 (계약수량)	시험 횟수	비 고 (시험방법)
콘크리트 벽돌	KSF 4004에 규정된 시험종목	• 제품 30,000매당			자체시험/ 성적서 대체
속빈 콘크리트 블록	KSF 4002에 규정된 시험종목	• 제품 3,000매당			자체시험/ 성적서 대체
경량기포 콘크리트 블럭	KSF 2701에 규정된 시험종목	• 제품 1,000매당			자체시험/ 성적서 대체
속빈 유리블럭	KSF 4903에 규정된 시험종목	• 제품 10,000매당			의뢰시험
연소재 벽돌	KSF 4903에 규정된 시험종목	• 제품 30,000매당			의뢰시험

나. 방수공사

종 별	시 험 종 목	시 험 빈 도	대상물량 (계약수량)	시험 횟수	비 고 (시험방법)
시멘트 방수제	KSF 4004에 규정된 시험종목	• 제조회사별 • 제품규격마다			의뢰시험/ 성적서 대체
아스팔트 펠트	KSF 4002에 규정된 시험종목				
아스팔트 루핑	KSF 2701에 규정된 시험종목				
시트방수	KSF 4903에 규정된 시험종목				
방수용 아스팔트	KSF 4903에 규정된 시험종목				

제 목 : 품질시험 계획서	문서번호 : 000-현장코드- 개정/일자 : 00/Year-Month-Day 페 이 지 : 20 / 35쪽

다. 단열·보은공사

종 별	시 험 종 목	시 험 빈 도	대상물량 (계약수량)	시험 횟수	비 고 (시험방법)
단열·보온재	KSM 3808 KSM 3882 KSL 9101 KSL 9102 KSF 4701 KSF 4714 KSF 6305에 규정된 시험종목	• 시공면적 1,000㎡마다 • 1,000매마다			자체시험/ 성적서 대체
단열 모르터	당해 공사시방서에 규정된 시험종목	• 시공면적 1,000㎡마다 • 1,000매마다			의뢰시험

[주 1] 이 기준에 명시되지 아니한 자재를 사용하는 경우에는 당해 공사의 설계도서에 제시된 시험종목, 방법 및 빈도에 따라 품질을 확인하여야 함.

[주 2] 품질시험 또는 검사의 면제(단 레미콘등 현장입고시 품질의 우려가 없는 제품) 품목은 "성적서 대체"로 가능하며 이 경우 "KS인증서" 및 납품업체 제공하는 "시험성적서" 징구
- 품질검사 전문기관의 시험성적서가 제출되는 재료
- 산업표준화법에 의한 한국산업규격표시품(KS제품)
- 주택건설촉진법에 의한 품질인증재료("품")

제 목 : 품질시험 계획서	문서번호 : 000-현장코드- 개정/일자 : 00/Year-Month-Day 페 이 지 : 21 / 35쪽

9.0 시험실 장비현황(품질시험계획중 현장시험 및 검사활동에 필요한 장비 위주로 계획수립)

기구명	규 격	단위	수 량	비 고
슬럼프 측정 시험기	① 슬럼프콘 : 10×20×30cm의 원추형 ② 슬럼프 측정기 : 높이 30cm 이상 눈금 1cm 이내 ③ 수밀성평판 : 크기 45×45×1.6mm	조		
공기함유량 측정기	① 워싱톤형, 용량 6l	대		
압축강도 시험기	① 용량 : 100톤, 유압식/전동식, 만능재료시험기 ② 부속기구 ⓐ ∅5×10cm 공시체시험용압축판 ⓑ ∅10×15cm -- 〃 -- ⓒ 2"큐브몰드 -- 〃 -- ⓓ 블록 압축시험장치 ⓔ 벽돌 -- 〃 -- ⓕ 10톤 하중계 ⓖ 30톤 하중계	대		
조골계 비중측정기	① 저울 : 용량 5kg 이상 감도 0.5g이내 수중중량 측정가능 ② 철망태 : ∅10×15cm, 눈금크기 5mm, 철선 3mm이하 ③ 수조 : 철망태를 침수시킬 수 있는 크기	조		
공시체 몰드	① ∅150×300mm ② ∅100×200mm ③ ∅50×100mm ④ 2"큐브몰드 ⑤ 15×15×53 숏크리트용	개		
켑핑세트	① 켑핑기 : ∅150×300mm ② 켑핑기 : ∅100×200mm ③ 콤파운드 용해기(콤파운드 포함) ④ 실린더 캐리어 : ∅150×300mm(몰드용)	조		
공시체 집게	① ∅150×300mm용 ② ∅100×200mm용	개		

제 목 : 품질시험 계획서	문서번호 : 000-현장코드- 개정/일자 : 00/Year-Month-Day 페 이 지 : 22 / 35쪽

기구명	규 격	단위	수 량	비 고
수 조	① 공사 규모에 따른 적당한 크기 ② 수조용 히터(자동온도조절) ③ 수조용 교반장치	식		(수조면적 = 월최대(예상) 타설량/ 150×0.2)
블리이딩 시험기	지름 25cm, 높이 28.5cm	대		
저 울	① 최대용량 : 20kg 이상, 최소눈금 : 1g이내 ② 최대용량 : 50kg 이상, 최소눈금 : 0.1g이내 ③ 최대용량 : 100kg 이상, 최소눈금 : 0.01g이내 ④ 최대용량 : 300kg 이상, 최소눈금 : 0.001g이내	대		
다짐막대	① ∅16×60cm ② ∅9×30cm	개		
건조기	105±5℃, 110±5℃, 온도유지가능	대		
체진동기	① 세골재용 ② 조골재용	대		
표준체	① 토질 입도 분석가능 ② 시료팬 및 카바	셋 개		
매스실린더	① 100㎖, 눈금이 있는 경우 ② 500㎖, 눈금이 있는 경우 ③ 1,000㎖, 눈금이 있는 경우	개		
플라스크	① 500㎖, 최소눈금 0.15㎖	개		
비이커	① 500㎖	개		
유리병	① 400㎖, 최소눈금 0.1㎖ 고무마개가 있는 무색유리병	개		
피 펫	① 1--10㎖	개		
펜	① 80×80×5cm ② 80×30×3cm ③ 30×30×10cm(혼합용) - 수밀한 것	개		

제 목 : 품질시험 계획서	문서번호 : 000-현장코드- 개정/일자 : 00/Year-Month-Day 페 이 지 : 23 / 35쪽

기구명	규 격	단위	수 량	비 고
접 시	① 1회용 은박지 접시(∅20~30cm)	개		
마이크로 미터		대		
버어니어 캘리퍼스	① 30cm	개		
삽	① 보통삽 ② 콘크리트 혼합용삽 ③ 소형삽 – 각형 ④ 소형삽 – 반원형 ⑤ 작은곡갱이 – 시험용 구멍파기용	개		
엣 지	① 평엣지 ② 삼각엣지	개		
솔	① 페인트용 솔 ② 칠솔 – 몰드용	개		
시료 분취기	① 홈통크기 15cm	개		
망 치	① 고무망치, 나무망치	개		
용 기	① 20*l*용 ② 7*l*용	개		
원추형 몰드, 봉	① 잔골재의 비중 및 흡수량 시험용	개		
데시케이터	① 크기 300mm	개		
스포이드	① 공기량 측정용	개		
드라이어	① 일반형	개		
분무기	① 일반형	개		
시 약	① 무수알콜, 수산화나트륨, 탄닌산	식		
구리스		식		
표준사	① 주문진산	식		
흙 다짐용 몰드	① ∅100mm(표준용) ② ∅150mm(수정용)	개		

제 목 : 품질시험 계획서	문서번호 : 000-현장코드- 개정/일자 : 00/Year-Month-Day 페 이 지 : 24 / 35쪽

기구명	규 격	단위	수 량	비 고
다짐용람마	① 2.5kg(표준용) ② 4.5kg(수정용)	개		
함수량캔	① ∅5－10cm×5cm	개		
도가니집게	① 함수량캔용	개		
흙의 단위중량 측정기	① CONE : 용량 4l, 높이 20cm ② 부속기구－연결부 －깔대기 －밸브 ③ 밑판 : 크기 300×300mm	식		
유리판	① 두께 5cm ② 크기 20×20cm 정방형	개		
비중병	① 르샤틀리에	개		
광 유	① 적당량	식		
코아채취기		대		
락볼트 인발기셋	① 20톤 이상	개		
캇타기		대		
온도계	① 시험실용 최고최저 온도계 ② 봉상온도계－눈금 1℃이하	개		
각종 공기구셋 및 기타	줄자, 작각자, 접시, 숟가락, 철사, 걸레, 스톱워치, 여과지, 흙손, 고무장갑, 칼, 비닐, 증류수, 각종테이프 등	식		
염화물 측정기	이온 전극법(플린터 부착장비) 바다모래 사용시 필수 확보	대		
목재함수율 측정기	전극식 MT-12외	대		
슈미트햄머	반발도법 α－650·X α－750·RX외	대		
도막측정기		대		

제 목 : 품질시험 계획서	문서번호 : 000-현장코드- 개정/일자 : 00/Year-Month-Day 페 이 지 : 25 / 35쪽

10.0 품질서류 양식

1. 품질시험, 검사대장
2. 품질시험 검사성과 총괄표
3. 월별 품질시험 실적보고서
4. 계측기 검교정 관리대장
5. 품질시험 의뢰서
6. 공장 입회 검사 보고서

품질시험·검사대장

공사명 :

일련번호	년월일	시험·검사구분	재료	시험·검사항목	시험기준	시험결과	시험결과판정	시험·검사자		감리원 확인		비고
								성 명	서명	성 명	서명	

주) ① 건설자재별로 작성(콘크리트 타설은 별지 9호 서식으로 작성)
② 공장에서 시험하거나 외부기관에 별도 시험의뢰한 것은 그 내용을 알 수 있도록 작성하고, 시험성과표 별도 첨부
③ 비고란에는 시험결과 불합격 되었을 경우 조치내용 등 작성

품질시험, 검사성과 총괄표

1. 공 사 명	
2. 시 공 자	
3. 총공사기간	
4. 시험대상기관	

시험검사 결과 아래 내역과 같이 시험성과에 합격하였음을 인정함.

확 인 자　직 위 :

성 명 :　(인)

공 종	시 험 종 목	시 험 횟 수				비 고
		계 획	실 시	합 격	불합격	

1. 계획시험 횟수는 대상기간중 시험횟수 기재
2. 상기 확인자는 시험검사시의 책임자이며 하기의 확인자는 감리(감독)자 확인
3. 계획시험 횟수의 산출근거 첨부

작성자 :　(인)　확인자 :　(인)

월별 품질시험 실적 보고서

공사명 : 기 간 :

공 종	시험종목	총계획시험 횟 수	금년도계획 횟 수	전월까지 실적				금 월 실 적				비고
				실시	합격	불합격	재시험	실시	합격	불합격	재시험	

※ 작성요령

1. 실적보고는 대상공사 시행실적을 월별로 정리, 보고
2. 총계획 시험횟수는 대상공사 전체 시험횟수를 기재
3. 년도별 계획시험 횟수는 해당년도 예정 시공대상 시험횟수를 기재
4. 실시는 합격횟수와 재시험 횟수의 합으로 하고 불합격 횟수는 제외

시 험 계 측 장 비 현 황

작성일자 :

관리 No.	시험 및 계측기 장 비 명	규 격	Model No.	보유 수량	최초(인수시) 검교정 일자	교정주기	교 정 예정일자	검교정 유 무

계측기 검교정 관리대장

기 구 명 :	허용오차 :
범 위 :	제 작 자 :
기기번호 :	관리번호 :

No.	현 장 명	교 정 결 과		유효기간	교정주기	비 고 (관련서류 No.)
		교정전	교정후			

<table>
<tr><td colspan="4">품질시험·검사의뢰서</td></tr>
<tr><td>1) 재 료 명</td><td colspan="3"></td></tr>
<tr><td>2) 시험항목</td><td></td><td>3) 재고량 롯트의 크기</td><td></td></tr>
<tr><td>4) 시료채취명 및 장소</td><td colspan="3"></td></tr>
<tr><td>5) 시료 채취량</td><td></td><td>6) 시료 채취자</td><td></td></tr>
<tr><td>7) 시료 채취일</td><td>년 월 일</td><td>8) 시료채취 입회자</td><td></td></tr>
<tr><td>9) 공 사 명</td><td colspan="3"></td></tr>
<tr><td>10) 발 주 자</td><td colspan="3"></td></tr>
<tr><td>11) 시 공 자</td><td colspan="3"></td></tr>
<tr><td>12) 시험성과 이용목적</td><td colspan="3"></td></tr>
<tr><td>13) 시료내역 및 시방</td><td colspan="3">KS 시방에 의함, 생산업체 :</td></tr>
<tr><td colspan="4">건설기술관리법시행규칙 제26조 제1항의 규정에 의하여 품질시험·검사를 의뢰 합니다.
년 월 일
의 뢰 인 (서명 또는 인)</td></tr>
<tr><td colspan="2">★ 유별번호 :
시험번호 :</td><td colspan="2">시험실시번호 : 작업지시 호
시험성과 통과번호 :</td></tr>
<tr><td colspan="2">★ 시험처리 소요시간 : 일간</td><td colspan="2">★ 시험수수료 : 원</td></tr>
<tr><td colspan="4">★ 유의사항 : 1. 시료는 반드시 봉인하여 본 신청서와 함께 송부하여야 합니다.
2. ★표시란은 신청인이 기입하지 아니 합니다.</td></tr>
</table>

<table>
<tr><td colspan="2">공장 입회검사 보고서</td><td>보고서 번호 :</td></tr>
<tr><td colspan="2">공 사 명 :</td><td>검사일자 :</td></tr>
<tr><td colspan="2">업 체 명 / 주 소 :</td><td>☐ 중간검사</td></tr>
<tr><td colspan="2">발주서 / 개정번호 :</td><td>☐ 최종검사</td></tr>
<tr><td colspan="3">검 사 결 과 :</td></tr>
<tr><td colspan="3">검사자 의견 :</td></tr>
<tr><td>제작자 : (인)</td><td>검사자 : (인)</td><td>확인자 : (인)</td></tr>
</table>

2.3 시공계획서

1) 시공계획서 목적

시공에 관한 기본적인 방침을 정하는 것. 시공계획은 사용목적에 따라 기본계획과 실시공계획 2가지로 나눌 수 있다.

(1) 기본계획
① 공사착공 전 공사 전체를 파악하면서 공사의 시공방법을 정하는 것
② 견적 시 첨부자료 또는 입찰 시 제출용, 현장 설명회 등에 사용
③ 기본계획도 가능한 구체적이고 세부적인 검토가 필요하지만 시간적 제약으로 충분히 검토가 어렵다.

(2) 실시공계획
① 공사의 시공 방법을 보다 구체적으로 세부까지 검토하는 것
② 공사의 원활한 진행을 위한 Detail한 공정표
③ 구체적인 대책이 필요하며 충분한 시간을 가지고 작성한다.

2) 시공계획의 표현방법

시공계획의 표현 방법은 공사공정표, 시공계획서, 시공요령서 등이 있다.
(1) 공사공정표 : 공기내의 작업 순서 및 작업 완료 일자를 표시한 것
(LOB, Bar chart, PERT, 등)
(2) 시공계획서 : 시공계획을 도면으로 표시한 것
(종합가설계획도, 가설구대 설치도, Construction Progress 등)
(3) 시공요령서 : 시공 전문업체가 공사를 충분히 검토한 후 시공방안에 대한 방안을 문서로(그림설명 포함) 작성하는 것

3) 시공계획서 작성시점 및 작성자

분류	계획도의 종류	계획도의 실례	작성시점	작성자
기본 계획	공사를 발주할 때 시공방법을 지시하는 설계도	흙막이, 커튼월 공사 등	건축물의 계획 시	설계자
	특명공사 등으로 예산편성 및 구조계산 시점에서 시공방법을 상정하는 계획도	지하공법 계획(Top-Down) Lift-up 공법	상 동	
	입찰시의 계획도 (발주처에 제시)	입찰 시공계획서	견적기간	General Contractor
	발주후 계획도 (공사의 기본방침 설정)	상 동	수주 직후	General Contractor
실시공 계획	일반 시공계획도	가설계획, 토공사계획 철골설치계획, 형틀계획 등	수주 후 공사진행에 앞서서	General Contractor
	특수공사의 시공계획도 전문업체에 의해 시공되는 경우	지반개량, Sliding Form, System Form, Jack Up 공법 등	상 동	Sub Contractor
	각종 신청, 허가용 계획서	흙막이 및 굴착계획도 장비 배치계획 관공서 신청용 계획도	상 동	General Contractor

4) 시공계획 이행절차

(1) 기본계획의 작성

신규 공사 수주전 공사의 내용을 검토하는 단계로서 공기, 예산을 중심으로 검토된다. 또, 낮은 가격으로 빠른 시간내에 완공할 수 있는 공법 및 공사관리 방안의 도출은 타사와의 경쟁력 확보의 중요한 단계로 공사 수주와 연결된다.

(2) 현장 기본 방침의 설정

발주처 특기사항, 본부중점 지시사항, 설계도서 요구품질 등을 완전하게 실현시키기 위해서는 품질(Q), 원가(C), 공기(D), 안전(S), 환경 및 민원 등에 대하여 어디에 중점을 두고 어떻게 대응할 것인가를 정하고, 현장소장은 방침, 목표, 중점 실시 사항을 설정하고, 현장 기본방침을 전현장의 직원이 명확하게 알 수 있도록 주지시킨다.

(3) 기술 검토회의 실시

종합시공계획의 작성에 앞서 본사 관계부서(기술부서, 공사관리, 견적등)와 현장이 설계도서를 검토하고 그 설계 내용 상 예측되는 문제점이나 시공상의 문제를 검토하여 그 대책을 마련하고 개선 제안을 하기 위하여 실시한다.

(4) 현장 개설 보고(종합 시공계획서의 작성)

현장 시공 기본계획의 방침이 정해지면 현장에서 종합 시공계획을 작성한다. 이 계획안은 본사에서 현장개설보고회를 개최하여 현장소장이 설명하고 본부장이 승인한다.

종합시공계획서는 공사 공종별로 검토하는 것이 아니라 공종간의 연관성을 고려하여 각종 기술자료, 보유기술 등을 유효하게 활용해서 종합적인 검토에 의해 작성하는 것이 중요하다.

[현장개설 보고회 시 작성되는 내용은 다음과 같다]

- ㅇ공사개요
- ㅇ공정표
- ㅇ시공계획 및 종합시공계획도
- ㅇ품질관리
- ㅇ안전관리
- ㅇ자재조달계획
- ㅇ조직관리

(5) 공종별 시공계획서의 작성

공종별 시공계획서는 현장 기본 방침, 종합시공계획에 따라 해당공종의 시공관리 방법을 검토하고 그 결과를 관계자에게 철저히 주지 시킴과 동시에 관련업자에게 해당 공종의 시공범위를 명확하게 하기 위해 작성한다.

작성 시기는 협력업체에게 발주하기 전(또는 해당 공사 착수 전) 작성자는 공종담당자, 책임자는 현장소장이 한다.

5) 시공계획서 및 시공 상세도면의 작성

(1) 시공계획서

① 해당공정 착공 전

② 공사개요, 공사관리 조직도, 단위공정표, 인원장비 동원계획표, 시방서 내용 중 해당공종 선별작업, 작업순서 및 절차, 작업방법, 중요작업방법, 품질관리계획, 안전(환경) 계획, 교통처리계획 등 순서로 작성

③ 시공상세도 작성 : 근로자에게 설명없이 시공 가능하도록 표기
④ 가설재 구조검토(거푸집, 동바리, 가시설 등)
⑤ 시공계획서 작성시 부실시공이 예상되는 곳의 세부공정순서, 작업방법, 품질 문제를 언급하는 것이 좋음.

(2) 시공상세도면 작성
① 구조물이 중복되지 않도록 위치를 조정하여 시공하도록 도면을 작성한다.(평면도, 단면도)
② 구조물의 크기 및 깊이가 변경되면 그 변화되는 곳은 상세도면이 필요하다.
③ 지상과 지하에 설치되는 구조물의 위치평면도 및 종횡단면도
④ 깊이가 다른 맨홀 등을 설치 할 때는 깊이의 변화에 따른다.
⑤ 터파기의 지보공, 가설공, 동바리, 발판, 거푸집과 임시공사 및 공법에 대한 상세도
⑥ 교량등 구조물의 지수판, 신축이음 등의 구조물설치도
⑦ 지사에 설치되는 가로등, 전주, 가로수, 통신주의 상대적 위치도
⑧ 같은 장소에서 2종 이상의 시설이나 구조물이 설치되는 장소에 상대적 위치를 조정한 상세도
⑨ 부설깊이가 낮은 시설이 차도 또는 다른 시설물을 횡단할 때 그 보강상세도
⑩ 상세도는 통상A3 양식으로 작성하여 하단 우측에 일자, 작성자, 검토자, 승인자 표기
⑪ 작업순서를 검토하여 문제가 없는지 사전검토요
⑫ 시공상세도작성 : 근로자 설명 없이 시공 가능하도록 표기

(3) 시공도면의 제출 및 승인
① 시공도면은 해당공종 착수하기 30일 전에 작성하여 감독의 확인을 받아 발주청 제출
② 제출받은 도변을 검토하여 그 결과를 시공자에게 통보(14일 이내)
③ 승인된 시공상세도면은 시공자에게 교부하여 시공 후 지적 및 수정사항에 대한 도면을 작성하여 준공도로 제출
④ 소규모공사는 상기 기간을 조정하여 시행

(4) 시공 상세도면 작성경비의 지급(정부 표준품셈 1-35)

발주자는 시공상세도면의 작성비용을 별도 계상하여야 한다.

(5) 변경도면(실정보고에 의한)

실정보고에 의한 변경도면은 감독승인후 시공도면으로 자격을 가짐과 동시에 시공 상세도면과 같이 관리도면철을 만들어 하도급사 배포대장을 만들고 하도급사 배포하여 승인된 변경도면으로 시공을 한다.

6) 시공계획의 실례(가설계획을 중심으로)

(1) Model 건축물의 개요

Project Brief

공 사 명 : ○○○ Building

위 치 : Singapore

건 축 주 : ○○○

설 계 자 : ○○○

도 급 액 :

공 기 : 19Month

Building Brief

용 도 :

대지면적 : 8,000㎡

건축면적 :

연 면 적 : 56,000㎡

층 수 : 지상 32층, 지하 3층

건물높이 : 140.198m

〈Building Summary〉

Level	Height	Accu Height.	Area	Tower
Roof	0.91	140.198		RC Flat Slab
L32	3.32	139.285	242.4	Lift Motor Room
L31	6.64	135.965	813.1	Viewing Gallery / Terrace
L30	4.65	129.325	1418.9	Office
L29	4.65	124.675	1680.1	Office
L28	4.15	120.025	1680.1	Office
L27	4.15	115.875	1680.1	Office
L26	4.15	111.725	1680.1	Office
L25	4.15	107.575	1680.1	Office / Lift Motor Room
L24	4.15	103.425	1640.4	Office
L23	4.15	99.275	1640.4	Office
L22	4.15	95.125	1640.4	Office
L21	4.15	90.975	1640.4	Office
L20	4.15	86.825	1640.4	Office
L19	4.15	82.675	1640.4	Board Room / Executive Office
L18	4.15	78.525	1640.4	Office
L17	4.15	74.375	1640.4	Office
L16	4.15	70.225	1640.4	Office
L15	4.15	66.075	1640.4	Office
L14	4.15	61.925	1640.4	Office
L13	4.15	57.775	1640.4	Computer Center / Mech.
L12	4.15	53.625	1640.4	Office
L11	4.15	49.475	1640.4	Office
L10	4.15	45.325	1640.4	Office
L9	4.15	41.175	1640.4	Office
L8	4.15	37.025	1640.4	Office
L7	4.15	32.875	1640.4	Office
L6	4.15	28.725	1640.4	Office, Training
L5	4.15	24.575	1680.1	Office, Court / Club
L4	4.47	20.425	1680.1	Gymnasium etc.
L3	4.98	15.960	3809.6	Meeting Room
L2	4.98	10.980	3483.1	Upper Part of JTC Lobby
L1	6.00	6.000	3888.1	Public Lobby
B1	4.20	−4.200	5888.1	Car Prak / Transformer Room
B2	4.20	−4.200	5888.1	Car Prak / Transformer Room
B3	4.20	−4.200	5888.1	Car Prak / Transformer Room

(2) Tower Crane

- 개요

① Tower Crane은 골조공사 전반에 걸쳐 주요 부재의 양중 및 설치에 관련된 중요한 가설 시설물이다.

② Tower Crane 계획은 양중계획과 관련하여 공사 초기단계 시공계획 수립에 많은 부분을 차지하며 설치 및 해체계획, 보강계획과 전반적인 운영계획 등 전반적인 내용에 대해 충분한 검토가 선행되어야 한다.

〈Tower Crane 선정 Flow〉

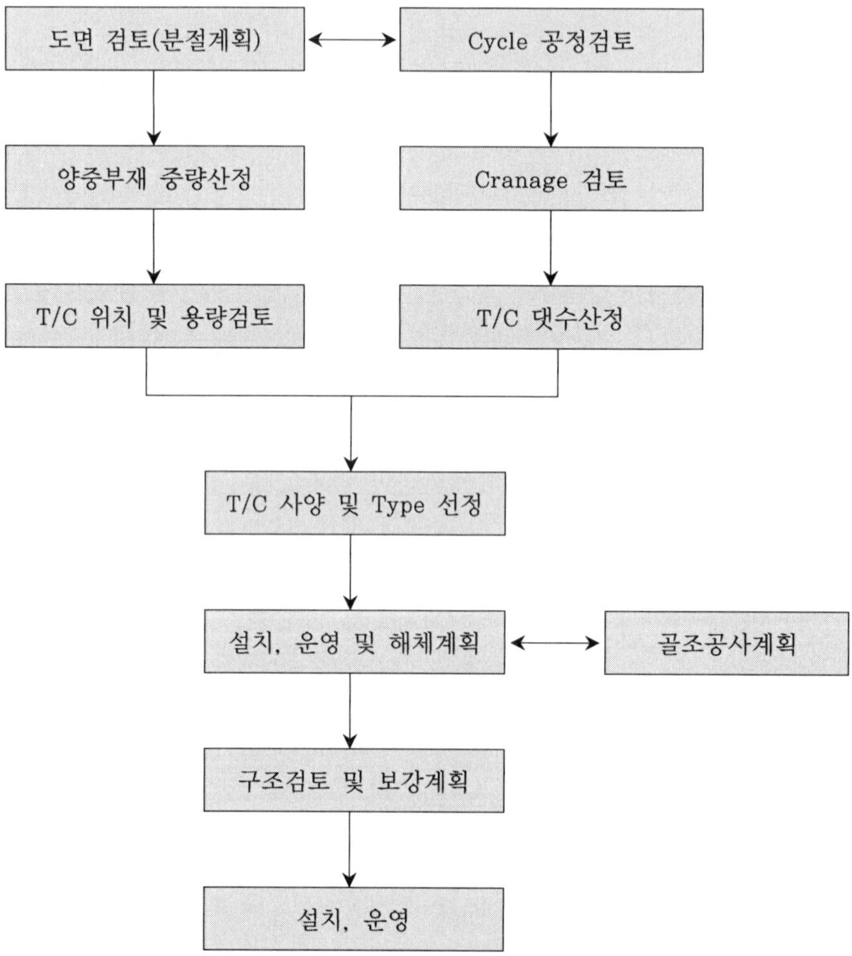

7) 용량 및 Type 선정

(1) 용량

① 구조시스템별로 부재의 최대중량 산정

㉠ 철골구조 : Column, Girder 등의 중량(철골비중 : 7.85kg/㎤)

㉡ R.C 구조 : 철근 양중단위 및 형틀시스템별 중량

㉢ P.C 구조 : Column P.C 중량

② 양중위치(거리)

㉠ 부재의 설치위치

㉡ 자재의 야적장, 양중 Area와의 관계

③ 분절계획 : 철골분절계획의 재검토로 양중물의 중량 조절가능

④ 공법검토 : 철근 Pre-Fab, 복합화, Unit Floor 및 System Form 적용등

⑤ T/C의 Load Chart : 정격총하중 = 정격하중(실제인양하중) + Hook Block + 기타 T/C Load Chart 상의 인양하중은 정격하중이므로 용량산정시 추가의 하중조건에 대한 검토 필요

(2) Type

① 주변상황

㉠ 인접건물과의 간섭

㉡ 장비상호간의 간섭

㉢ 관련법규(Boom의 도로 침범가능 여부)

② 현장여건

㉠ 요구장비의 수배가능 여부

㉡ 현장 가설계획상의 여건

검토예 : ○○○ Project

1. 중량물 검토
   - Column Rebar Pre-Fab 검토 : 3.8ton
   - 기둥분리 타설시 Con'c Hopper 이용 : 2.8ton(Con'c 1㎥+Hopper)
2. T/C의 관련규정
   - Tail 반경의 현장외부 침범 불가
   - Boom 작업반경의 현장외부 침범 불가하나 Limit 설정으로 작업가능함. (양중 Area와의 관계고려 → Luffing type)

8) Cranage 분석 및 댓수산정

(1) Cranage의 정의

장비가 원하는 시기와 일정에 계획된 물량을 실제로 양중을 할 수 있는가를 검토하는 것으로서 작업시간 및 자원의 배분, 장비댓수 산정과 밀접한 관련을 갖음.

(2) Cranage 분석시 사전 검토사항

Typical Floor 기본물량산출, Typical Floor 기본 Cycle 공정계획, 부재별 단위 양중 소요시간 산출, 부재별 양중횟수 산출, 1일 작업시간계획, 장비 가동 효율 산정.

9) Cranage 분석 Flow

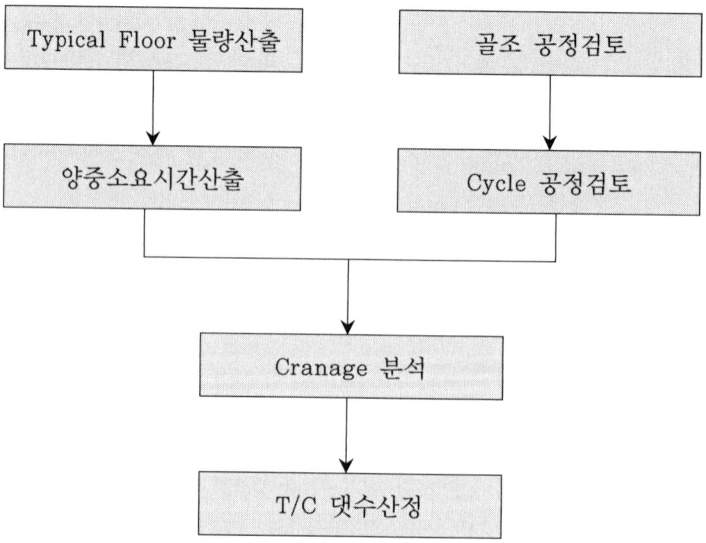

10) 배치계획

(1) Tower Crane의 위치 선정시 검토사항

① 부재의 설치위치, Stock Yard 및 양중 Area의 관계, 골조와의 관계 : 골조 Opening, 구조보강관계 등

② 주변상황 : 현장주변건물, 타장비와의 간섭관계 설치, 해체관계, 공정관계

(2) 설치위치의 실용도 확인

기계실, 전기실 및 중요설비시설이 들어가는 경우 해당부위 공사 일정 검토

(3) T/C의 자중이 골조에 미치는 영향 검토

① 기초의 크기 및 위치

② Climbing Collar 및 Wall Bracing의 위치

(4) 보강계획의 수립

① 해당부위 구조검토 선행

② 구조검토결과를 철골 등의 부재 발주에 적용

→ 추가 가시설을 절감하는 방안 검토

③ 특수 공법에서의 T/C 설치 방안(예 : Top Down 등)에 대해서는 업무 담당자와 긴밀한 협의후 시행함.

〈Cranage 분석 예 : ○○○ Project〉

Crane Anaylsis for Typical Floor of Tower Zone(for 6day cycle)
(Self-Climbing Core wall Form+Conv. Slab Form)

No	Description	Details	Lifts	Min/Lift	Total Hour	Remarks
1	**Formwork**					
	Office Area					
	Slab & Beam Form	1980㎡	23	15	5.8	Conv. Form
	Column Form	17ea	34	15	8.5	System Form
	Core Area					
	Conventional Form	135㎡	3	15	0.8	
	Others		4	15	1.0	Stair Conv. Form
2	**Rebar**					
	Column	30ton	17	20	5.7	Pre-Fab.
	Beam & Slab	50ton	17	15	4.2	3ton/Lift
	Corewall	30ton	10	15	2.5	
	Coreslab	3ton	1	15	0.3	
3	**Con'c**					
	Column	62㎥	62	20	20.7	(12ea)by Hopper
4	**ETC**					
	Post-Tension	Say	5	15	1.3	
	Steel Stair	2ea	2	25	0.8	Stair St'l Form
	Temp. Materials	Say	20	15	5.0	
	M & E	Say	20	15	5.0	
	Others	Say	10	15	2.5	Trash etc.
5	**Curtain Wall**					
	C/W	Say	20	15	5.0	Unitized Type
6	**Equipments**					
	Tower Crane Jacking	Every 3FL.		120	2.0	Internal
	Bracing	Every 3FL.	6	15	1.5	Climbing
	Placing Boom Bracket	Every 1FL.	4	20	1.3	
	Total				73.7	Hours
	Efficiency				70.0	%
	Cycle Time				5.3	Days

Note :

1. 1일 작업시간 : 20hr(2shift)
2. 장비 가동효율(70%)를 감안한 장비일일 작업시간 : 14hr(14hr×6day=84hr)
3. 1Cycle당 양중에 소요되는 작업시간은 84hr
   → Tower Crane 소요 댓수 : 1대(필요시 야간작업 : Con'c 타설, 자재양중 등)
4. Column Con'c 타설 및 철근양중이 Critical 하게 됨.
   → Column Con'c 타설 : Placing Boom, Con'c Hopper 병행 사용
5. T/C 선정의 기준은 Column Rebar Prefab시 단위 Column 및 Con'c 타설시의 중량
6. C/W 양중은 주로 Lift Car를 이용하며, T/C의 이용은 Cranage에 영향이 가지 않는 범위안에서 양중

〈운영계획 예 : ○○○ Project〉

Analysis for Cranes

Description		T/C#1.	Hydro Crane
Model		*Potain MR150*	
Type		Luffing Type	Rough Terrain Crane
	Boom Length	50.0m	
	Tall Radius	8.35m	
Capacity	*Max.*	10.0ton at 18.0m	30~50ton
	Required	4.5ton at 30.0m	
	Tip.	2.0ton at 50.0m	
Height	*Free Standing*	31.05m	
	Required Hoisting	140.0m	
Cllmbing (or Telescoping)	*Type*	Internal Climbing	
	Times	10	
	Distance of Wall tie	12.45m(every 3 Floor)	
	Mast Height		
Running Period		*12months*	
Install	*Date*	Sep.'98	
	Method	by Mobile Crane	
Dismantle	*Date*	Aug.'99	
	Method	by Derrick Crane	
Location	*Working Area*	Tower/Podium Zone	Podium Zone
	Main Usage	R.C work	Podium Structural
		for Tower/Podium Zone	Work supporting
Mast Size		2.3×2.3×4.14m	
Others	*Hoisting Speed*	1.6×1.6×3.0m	
	Power	Electic.(104kw)	

Note :

1. T/C 기종 및 위치는 Internal로 설치시 해당 부재의 양중 Area에서의 양중 가능 여부(건물전면측) 10~18ton급 Luffing Crane의 최대 작업반경은 일반적으로 50m를 넘어서지 못함.
2. 용량산정의 기준은 Column Prefab. 시의 예상중량과 T/C를 이용한 Con'c 타설을 검토

Column	D6, D7	3.8ton
	R1~R5	3.3ton
Con'c	1㎥	2.3ton

3. Internal Climbing Type으로 설치시 상, 하부 Collar 설치일정을 감안하면 장비설치일정이 Core 골조 최소 3개층 이상 선행이후에 가능함.
   - Form Setting 등에 별도의 장비지원이 필요
   - 초기 설치시 일반적인 Stationary Type으로 설치후 Climbing하여 별도 장비지원의 최소화 방안검토
   - 설치위치는 중층부 Elev. Hall로 Core 골조완료후 Elev. 설치일정에 차질이 없도록 함.
4. Hydro Crane은 주로 Podium측 골조자재 양중과 Gate#3.측 Stock yard에서의 Prefab 작업지원

11) Con'c Pump 선정방법

Portable Con'c Pump는 주로 일반적인 Con'c Pump Car가 타설할 수 없는 부분과 고층건물에서의 Con'c 타설에 이용되며 특히 초고층 건물에서의 Con'c 압송에는 적정한 장비의 선정과 타설방안, 재료 등에 대한 검토가 필요하다.

(1) Pumping 압력의 산정

① Pump 가동시 : 20~25bar

Pump를 초기에 가동시키기 위해서 20~25bar의 압력이 필요하다.

② 수직배관길이에 대한 압력 : (수직배관길이÷4)×1bar

일반적으로 수직배관 100m당 25bar의 정압이 발생하게 되며, 수직 Pumping 시 발생 정압 이상의 압력을 이기기 위해서는 1m당 0.25bar의 압력을 걸어준다.

③ 총배관길이에 대한 압력 : (총배관길이÷20)×1bar

Con'c 타설시 Pipeline에는 마찰저항이 발생하며 이 저항값을 이기기 위해서는 수직, 수평배관길이를 합한 총길이 20m당 1bar의 압력을 걸어주어야 한다.

특히, 수직배관의 높이가 50m 이상시에는 기존의 소요압과 정압이외에 Pressure Peak라는 추가압력이 발생하는데, 이때 수직배관길이의 10~15%에 해당되는 길이만큼 수평배관을 해 Con'c의 역류를 방지해 주는 Starting Distance가 필요하다.

④ 곡관에 대한 압력 : (총 Elbow 각도÷90°)×1bar

곡률반경이 1m이고 90°의 각도를 가진 Elbow를 통과하기 위해서는 약 1bar의 압력이 추가된다.

⑤ Cuppling에 대한 압력 : (총 Cuppling수÷10ea)×1bar

Cuppling의 마찰 및 압력의 감소에 대해 10ea당 1bar의 압력이 소요

⑥ End Hose에 대한 압력 : 2bar

Con'c 배관의 말단에 달려있는 2~5m 길이의 고무호스에 대한 저항치는 정확하게 알려져 있지는 않으나, 일반적으로 2bar의 압력이 필요

⑦ Pumping 압력의 합산 : 계산값×1.25

Con'c 타설압력은 Slump, 타설시의 기온, 배관의 크기, 배관의 마모도 등 현장여건에 많은 영향을 받는데, 필요한 압력을 전부 합산한 후 25% 정도의 여유를 갖고 계산을 한다.

⑧ 시간당 타설량의 결정 : Pump 효율 75%

Con'c 타설시 배차간격, 배관의 이동, 건물의 크기 등 현장여건에 따라 Pump의 작업효율을 예상한다.

⑨ Pump Engine의 출력결정

$$\text{소요출력(kw)} = \frac{\text{필요 Pumping 압력(bar)} \times \text{소요타설량}(m^3/h)}{25}$$

⑩ 장비의 선정

소요출력, Pumping 압력, 소요타설량 등을 고려하여 Pump를 선정하며, 산출된 장비보다 큰 용량의 장비를 선정하도록 한다.

(2) 장비선정 예

Con'c Pump Selection

Description	Pump		
Required Pressure Calculation			
Start		25	
Vertical Length	140m	35	
Horzontal Length	80m	4	
Elbow	10ea	10	
Cuppling	73ea	7.3	
		81.3	(bar)
Total Pressure (considering site condition×1.25)		**101.7**	(bar)
Required Con'c Output			
Assumption of Con'c Output		30	(㎥/hr)
Con'c Pump Efficiency		75%	
Output		**40**	(㎥/hr)
Required Engine Capacity			
$P(kw) = \frac{\text{Pressure} \times \text{Con'c Output}}{25}$	= 162.7(kw)		
Technical Parameter	= 4067		
Con'c Pump Selection			
Model	*Putzmeister BSA2110HD*		
Max. Con'c Output		97/65	
Max. Con'c Pressure		115/160	
Technical Parameter		4175	
Engine Rating(kw)		167	

(3) 운영계획 예

Con'c Pump Anaysis

Description			
Model			*Putzmeister BSA2110HD*
Max. Con'c Output		(㎥/hr)	97/65
Max. Con'c Pressure		(bar)	115/160
Technical Parameter			4175
Engine Type			Diesel
Rating		(kw)	167
Pumping Cylinder		(Ø×Stroke)	200×2100
Hopper Capacity		(l)	600
Weight			5.7ton
Pipe Line	Ver.		140
	Hor.		80
Location	Pouring Area		Tower Zone
	Req. Pouring Duration		*11months*
			Sep/'98~Jul.'99

Note :
1. Core wall 1회 타설 시간 160/30/0.75 = 7hr
2. Podium Zone은 Con'c Pump Car와 Portable Pump를 병행타설
3. Schwing Con'c Pump의 동급기종 : Schwing BP4000HDR20

12) Lift Car 선정방법

설치댓수 산정 : 예 ○○○ Projet

(1) 인원전용 Lift Car의 산정

① Peak Time시의 예상투입 작업인원 : 52,480㎡(0.006인/㎡) ≒ 310명

② Cycle 운행 소요시간 산정

- 승차인원 : 32명
- 운행속도 : 90m/min
- 양중능력 : 2.8ton
- 양중높이 : 140m
- 정지층수 : 6개층

- 운행효율 : 70%
- 140㎡×2/(90m/min×0.7)+0.5×6 ≒ 8min
- Peak Time시 인원수송횟수 : 310명/32명 ≒ 10회

③ 소요시간 산정 : 10회×8min = 1.4hr

④ 댓수산정 : 1.3hr/2대 = 0.65hr(40min)

(2) 자재전용 Lift Car의 산정

① 기준층(≒ 1,640㎡)의 자재 소요양중횟수 산정

- 건축 : 0.2회/㎡
- 설비 : 0.083회/㎡
- 전기 : 0.038회/㎡
- 가설재 : 0.01회/㎡
- 쓰레기 : 0.07회/㎡, 0.4회/㎡
- 양중범위 : 3F~32F(연 49,200㎡)

② 예상양중횟수 : 0.4회×49,200 = 19,680회

③ 양중소요시간 : 19,682회×13min(1회 Cycle 소요시간) = 4,264hr

- 월간 환산 : 4,264hr/(20hr×0.7×25일) ≒ 13개월
- 공정상의 예상장비 가동기간 : 15개월

④ 소요댓수 산정 : 15개월/13개월 ≒ 1.2대

- 인원용은 Peak Time(출퇴근, 점심)시의 인원을 가급적 1시간 이내에 양중할 수 있도록 승차인원, 속도 및 댓수를 계획한다.
- 자재용은 사용기간내에 예상양중량을 각부위에 양중할 수 있도록 계획하며, 특히 커튼월 등 대형양중물의 양중여부를 사전에 계획하여 Lift Car의 크기를 검토한다.
- Lift Car Zoning 계획
  - 용도별 계획(인원용, 화물용, 인화물용)
  - 층별 계획(저, 중, 고층부별 Lift Car 계획)
  - 양중 속도별 계획(저속용, 고속용)
- 마감자재의 양중 : 마감공정과 밀접하게 연관되어 있어 Lift Car의 선정 및 마감자재의 발주, 반입 및 양중, 설치일정에 대한 검토가 선행

(3) 운영계획 예

Analysis for Lift Cars

Description		L/C#1.	L/C#2.(for Proposal)
Model		*Alimak Scando Super 28/32C*	*Alimak Scando 12/30 (or Local Type)*
Cage Type		Twin	Single
Lifting Capacity		2.8ton	1.2ton
Speed		90m/min	40m/min
Type		Rack & Pinion Type	Rack & Pinion Type
Height	*Total*	136m	26m
	Lifting	130m	20m
Dimension	*Internal(L×W×H)*	1.5×3.2×2.2	1.3×3.0×2.55
	Extermal(L×W×H)	1.6×3.34×3.7	1.4×3.13×4.0
	Door Opening(L×H)	1.49×2.0	1.23×2.0
	Enclosure(L×W×H)	4.32×3.6×2.5	2.33×3.4×2.15
	Mast Size	0.65×0.95×1.5	0.65×0.65×1.5
	No. of Masts	98	18
Running Period		*13months*	*8months*
	Insall	Nov.'98	Jan.'99
	Dismantle	Nov.'99	Aug.'99
Wall Tie	*No. of Wall Tie*	11ea, every 3Floor	2ea
	Interval between Ties		
Location	*Location*	Tower Side	Podium Side
	Operating Floor	L3~L32	G.F.~L5
Main Usage		Personnels & Materials	Personnels & Materials
Others	*Rated Power(×1.25)*	58kw	19kw

Note :

1. Lift Car 댓수산정기준
   - 기준층 바닥면적당 양중횟수 : 1650㎡×0.4 = 656회
   - Cycle Time : 12min
2. C/W Unit는 Tower Crane으로 양중함(T/C Cranage 참조)
3. Podium측 마감자재의 양중을 위해 별도 소형 Lift Car를 추가 검토함(참고사항)

3. 건설재료 품질시험

건설재료 품질시험 기준은 건설공사의 품질 확보를 목적으로 하고 있으며 품질 시험 기준에서 제시한 건설재료의 시험은 일반적으로 공장 및 현장에서의 제품과 재료의 품질관리, 구조물의 설계를 위한 기초적 자료확보, 시공관리, 기존의 구조물의 내력 또는 환경조사 및 연구개발등을 위해 실시하는 것을 목적으로 하고 있다.

3.1 건설재료의 분류

건설재료는 여러 방면으로 분류할 수 있으나 용도, 생산, 화학성분에 의해 분류하면 다음과 같다.

1) 용도에 위하 분류

(1) 구조주재료 : 구조물의 주체가 되는 재료(콘크리트, 금속, 석재, 역청재료등)
(2) 구조부재료 : 구조물의 보조적인 재료(유리, 페이트, 합성수지등)

2) 생산에 의한 분류

(1) 천연재료 : 자연상태의 재료를 그대로 이용하는 것(흙, 목재, 석재, 골재, 천연아스팔트, 천연수자등)
(2) 인공재료 : 자연의 재료를 가공하여 그 성질을 개선한 재료(첨토제품, 시멘트, 콘크리트, 금속재료, 석유아스팔트, 합성수지, 합성고무, 합성섬유, 유리등)

3) 화학성분에 의한 분류

(1) 유기재료 : 탄소를 함유한 재료
(2) 무기재료 : 탄소를 함유하지 않았거나, 함유하여도 조금 함유한 재료(금속재료, 비금속재료)

3.2 건설재료가 갖추어야 할 일반적인 조건

(1) 사용 목적에 알맞은 역학적 강도가 크고, 팽창, 수축의 변화가 작아야 한다.
(2) 사용 환경에 대하여 안전하고 내구성, 내화성, 내수성을 가져야 한다.
(3) 생산량이 많고 쉽게 구할 수 있어야 한다.
(4) 운반, 취급 및 가공이 쉬어야 한다.
(5) 가격이 저렴해야 한다.
(5) 시공 후에 개조가 곤란하므로 시공 전에 재료에 대하여 충분한 검토를 하여야 한다.

3.3 재료의 공업표준화와 규격

공업표준화란 생산 능률의 증진과 생산비의 저하, 품질개서, 재료의 절약, 유통, 소비사용의 합리화 및 기술 향상을 높이기 위하여 국가에서 실시하는 표준화 사업을 공업표준화라 한다.

1) 공업표준화의 방법

국가적 또는 국제적으로 규격, 품질, 모양, 치수, 사용방법 등을 통일시킨다면 생산자나 소비자에게 경제적으로 이익을 주고 또한 품질의 개선과 향상을 도모할 수 있다.

(1) 규격통일 : 나사의 규격, 철근의 직경, 실험법, 종이의 규격
(2) 전국통일 : 교통 신호체계, 주파수
(3) 국제통일 : 컨테이너의 규격, 주파수
(4) 안전, 환경통일 : 배기가스 배출기준, 식품의 유해범위

2) 공업표준화의 목적과 효과

(1) 목적 : 생산, 소비, 유통등의 여러 면에서 능률을 증진시키고 경제성을 높이는데 있다. 그러기 위해서는 합리적인 표준의 설정과 많은 사람들에 의한 표준의 활용이란 조직적 행위가 필요하다.
(2) 효과 : 품질개선과 기술향상, 재료 자원, 에너지 절감, 생산비 절감, 교환성의 확보

3) 외국의 규격 및 제정기관

국 명	약 자	제 정 기 관 명
국 제	ISO	International Orgnization for Standardization
미 국	ASTM	American Society for Testing and Materials
영 국	BS	British Standards
서 독	DIN	Deutsche Industrie Norm
프랑스	NF	Norm Francaise
일 본	JIS	Japanese Industrial Standards
한 국	KS	Korean Industrial Standard
소 련	GOST	소련 국가 규격

4) 한국산업규격의 분류

KS 분야	적 용 범 위
A-기본	기본일반 방사선(능)관리 가이드 인간공학 신인성관리 문화 사회시스템 기타
B-기계	기계일반 기계요소 공구 공작기계 측정계산용기계기구·물리기계 일반기계 산업기계 농업기계 열사용기기·가스기기 계량·측정 산업자동화 기타
C-전기전자	전기전자일반 측정·시험용 기계기구 전기전자재료 전선·케이블·전로용품 전기기계기구 전기응용기계기구 전기·전자·통신부품 전구·조명기구 배선·전기기기 반도체·디스플레이 기타
D-금속	금속일반 원재료 강재 주강·주철 신동품 주물 신재 2차제품 가공방법 분석 기타
E-광산	광산일반 채광 보안 광산물 운반 기타
F-건설	건설일반 시험·검사·측량 재료·부재 시공 기타
G-일용품	일용품일반 가구·실내장식품 문구·사무용품 가정용품 레저·스포츠용품 악기류 기타
H-식품	식품일반 농산물가공품 축산물가공품 수산물가공품 기타
I-환경	환경일반 환경평가 대기 수질 토양 폐기물 소음진동 악취 해양환경 기타
J-생물	생물일반 생물공정 생물화학·생물연료 산업미생물 생물검정·정보 기타
K-섬유	섬유일반 피복 실·편직물·직물 편·직물제조기 산업용 섬유제품 기타
L-요업	요업일반 유리 내화물 도자기·점토제품 시멘트 연마재 기계구조요업 전기전자요업 원소재 기타

KS 분야	적 용 범 위
M-화학	화학일반 산업약품 고무·가죽 유지·광유 플라스틱·사진재료 염료·폭약 안료·도료·잉크 종이·펄프 시약 화장품 기타
P-의료	의료일반 일반의료기기 의료용설비·기기 의료용 재료 의료용기·위생용품 재활보조기구·관련기기·고령친화용품 전자의료기기 기타
Q-품질경영	품질경영일반 공장관리 관능검사 시스템인증 적합성평가 통계적기법 응용 기타
R-수송기계	수송기계일반 시험검사방법 공통부품 자전거 기관·부품 차체·안전 전기전자장치·계기 수리기기 철도 이륜차
S-서비스	서비스일반 산업서비스 소비자서비스 기타
T-물류	물류일반 포장 보관·하역 운송 물류정보 기타
V-조선	조선일반 선체 기관 전기기기 항해용기기·계기 기타
W-항공우주	항공우주일반 표준부품 항공기체·재료 항공추진기관 항공전자장비 지상지원장비 기타
X-정보	정보일반 정보기술(IT) 응용 문자세트·부호화·자동인식 소프트웨어·컴퓨터그래픽스 네트워킹·IT상호접속 정보 상호기기·데이터 저장매체 전자문서·전자상거래 기타

4. 통계적 관리기법

4.1 개 요

여기서 설명하는 품질관리의 7가지 도구(신품질관리 7가지 도구 포함) 방법은 샘플링에 사용하는 통계수단이다. 그러나 일본에서는 주로 이 방법 들을 샘플링에 사용하기 보다는 문제점 발굴의 수단으로 사용하고 있다. 통계적 관리기법의 활용은 품질관리를 지탱하는 중요한 요건의 하나로써 제조업에서는 이미 기업내의 최고 관리자로부터 제일선의 종업원까지 이용층이 상당히 넓으며, 그 효과도 매우 긍정적인 것으로 나타나고 있다.

통계적 수법은 문제해결의 도구이며 소량의 데이터에서 가능한 한 신뢰성 있는 정보를 얻기 위해 가장 유효한 방법이다. 품질관리의 7가지 도구(신품질관리 7가지 도구 포함) 기법들은 여러 가지 통계적 품질관리 방법중에서도 가장 많이 쓰이는 것으로 항목을 요약하면 다음 표와 같다.

〈품질관리의 7가지 신, 구 도구 비교표〉

품질관리 7가지 도구	신품질관리 7가지 도구
1. 층별	1. 연관도법
2. 파레트도	2. KJ법(친화도법)
3. 특성요인도	3. 계통도법
4. 체크시트	4. 매트릭스도법
5. 산포도	5. 매트릭스데이터 해석법
6. 히스토그램	6. PDPC법(Process Decision Program Chart)
7. 그래프 관리도	7. 애로우다이어그램(Arrow Diagram)

품질관리 방법은 작성법도 중요하지만 그 이상으로 읽는 법, 사용법이 중요하며 특히 관리자에게 있어서는 작업의 진척상태를 파악하는 데에 중요한 수단이다. 이 기법들은 하나하나가 각각의 특징을 가지고 있지만 조합시켜 사용함으로써 그 가치도 확대된다. 따라서 문제점이 복잡하면 할수록 여러 가지 기법을 조합하여 사용할 필요가 있다.

4.2 품질관리의 7가지 도구

1) 층별(Stratification)

(1) 개념

집단을 구성하고 있는 많은 데이터를 어떤 특징에 따라서 몇 개의 부분집단(범주)으로 구분함으로써 문제의 원인을 파악하려는 방법이다.

(2) 활용

전체 데이터에서는 막연했던 점들을 범주별로 층별화 함으로써 좀 더 정확하고 유효한 정보를 획득할 수 있음.

(3) 작성 방법

① 조사 대상 변수를 선정한다.
② 층별화 할 범주를 설정한다.
③ 범주별로 Data 개수를 센다.
④ 막대그래프의 형태로 층별화 한 결과를 나타내고 분석한다.

(4) 작성 사례

항 목	내 용
시 간	시간별, 오전/오후별, 주간/야간별, 일별, 주별, 월별, 계절별...
작 업 자	개인별, 조별, 숙련도별, 남녀별, 연령별...
기계장치	기계별, 공정별, 라인별, 기계 제작처별...
원 자 재	공급자별, 로트별, 구입시기별, 저장기간별...
작성방법	작업방법별, 작업장소별, 작업조건(온도/습도)별, 작업속도별...

2) 파레토 도

(1) 파레토 도란

1897년에 이탈리아의 경제학자인 Pareto씨가 “소득곡선에 관한 지수법칙”을 발표했을 때부터 비롯된 것임, 그후 Lorenz와 Juran씨 등을 거쳐 오늘날의 Pareto 도가 만들어진 것이다.

Pareto도란 현장에서 불량률이나 결점수, Claim, 사고율 등의 현상을 원인별로 분류하여 Data의 비율이 큰것부터 순서대로 나열한 그림이다.

(2) 용도

Pareto도는 중점관리(ABC분석)의 한 수법으로서 “최소의 노력으로 최대의 효과”를 얻고자 할 때 주로 사용한다.

① 문제의 항목을 찾아낼 수 있다.

② 문제항목의 순위와 그 비율을 한 눈에 알 수 있다.

③ 문제해결 시에 설득력이 있다.

⑤ 누적점유율로 나타내기 때문에 문제의 항목별 퍼센트(%)를 알 수 있다.

(3) 종류와 대상

파레토 그림이 쓰이는 경우를 분류하면 다음과 같다.

① 현상 : 불량항목, 결점내용을 건수, 발생금액, % 등으로 나타낸다.

② 제품/부품 : 제품과 부품을 종류, 개수, 점수, 점유율 등으로 나타낸다.

③ 작업자 : 나이, 그룹, 현장별로 불량건수, 재해·부상건수, 출근율, 제안건수 등을 나타낸다.

④ 기계설비 : 기계별, 기종별로 가동율, 고장건수, 불량발생율 등을 나타낸다.

⑤ 작업방법 : 온도·습도, 압력, 전류, 전압 같은 제조조건이나 작업순서, 방법의 차이를 불량발생율, 건수, 금액으로 나타낸다.

⑥ 재료 : 불량로트, 브랜드별 구입금액, 단가, 순도, 등을 나타낸다.

(4) Pareto도의 작성순서

[순서 1] 조사사항과 기간을 정하고 Data을 수집한다.

[순서 2] 데이터를 조치가 쉽도록 내용이나 원인에 따라 분류하고 집계한다.
- 원인별 : 재료별, 기계장치별, 작업자별, 작업방법별 등
- 내용별 : 불량항목별, 장소별, 시간별, 공정별 등

[순서 3] 데이터를 많은 순서대로 정리하고 누적 수와 누적점유율을 계산한다.
(누적점유율 = (누적수 / Data총수)×100%)

[순서 4] Graph용지에 세로축과 가로축을 기입하고, 각 항목별로 점유율이 큰 순서대로 막대 그래프를 그린다.
(가로축 = 항목별, 세로축 = Data치의 눈금)

[순서 5] 누적곡선(파레토 곡선)을 그린다.
데이터 시트에서 누적 %가 큰 것부터 기입하여 선으로 잇는 누적곡선을 그린다.

[순서 6] 우측 막대 그래프의 끝에 세로축을 긋고 누적곡선의 종점을 100%로 하여 10등분하고 각 항목별의 누적점유율에 해당하는 눈금에 점선으로 연결한다.

[순서 7] 데이터의 이력 등 필요한 사항을 기입한다.
데이터의 목적, 기록자, 기간, 공정명, 품명, 현장명, 기계번호 등 필요한 사항을 꼼꼼히 기록하여 파레토 그림의 작성을 마친다.

이렇게 작성한 파레토 그림을 효과적으로 사용하기 위해서는 작성할 때 다음과 같은 점에 주의하여야 한다.

① 가로축의 길이에 비해 세로축의 길이는 1 : 1이나 1 : 1.5정도로 하는 것이 좋다.

② 가로축의 층별 항목은 5~10항목 정도로 한다.

③ 막대그래프가 너무 평탄해지지 않도록 층별에 주의한다.

④ 분류항목이 많을 경우 데이터수가 작은 항목은 모아서 기타로 모아서 오른쪽 끝에 그린다. 기타 항목이 너무 높아지지 않도록 층별에 주의한다.

⑤ 세로축은 되도록 금액으로 표시하는 것이 좋다. 건수, 점수가 많은 것이라도 금액으로 나타내면 문제의 순서가 바뀔 수도 있다.

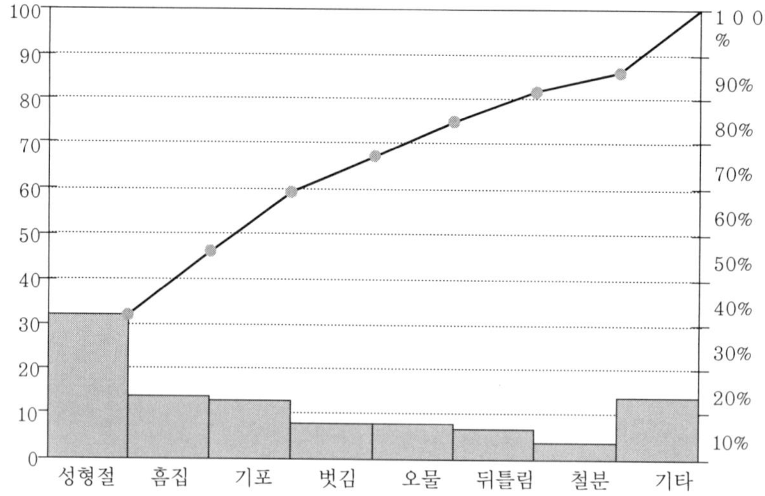

3) 특성 요인도

(1) 특성요인도란?

특성 요인도(Characteristic Diagram)는 일본의 동경대학교수인 이시가와 가오루(Ishikawa)교수가 고안한 것으로서 "품질특성이 품질요인에 어떤 영향이 미치는가 하는 관계를 일목요연하게 알아볼 수 있겠끔 체계적으로 나타낸 종합적인" 것이다.

① 특성 : 일의 결과로 나타나는 모든 것
품질, 원가, 납기, 주기, 안전등의 결과

② 요인 : 특성에 영향을 주는 원인의 모든 것
사람, 재료, 작업방법, 기계 등의 생산요소

(2) 특성요인도의 역할

① 문제를 발견하고 분석하기 위해서

② 문제해결을 위해 중요한 개선요인을 발견하기 위해서

③ 중요한 관리특성에 대한 Know-how을 정리하기 위해서

(3) 특성요인도의 작성순서

① 품질특성을 정한다.

특성을 정할 때 유의할 점

㉠ 데이터를 얻기 쉬운 특성으로 할 것

㉡ 무엇이 어떻게 문제가 되는지 사실을 구체적으로 나타낼 것

㉢ 관리가 가능한 특성을 고를 것

㉣ 개선 효과가 큰 특성부터 손을 댈 것

② 큰가지의 화살표를 긋고 그 오른쪽 끝에 특성을 기록한다.

③ 요인을 큰 가지에 쓰고 테두리로 둘러싼다.

요인의 분류는 일반적으로 4M으로 나누며 그밖에도 환경, 안전등을 고려한다.

④ 요인의 그룹마다 더 적은 요인을 써 넣는다.

세분하여 아들가지, 손자가지 등으로 기입해 나간다. 이것은 개선을 위해서 참된 문제를 가려내기 위한 중요한 작업이다. 참된 문제를 추려내기 위해서는 "왜 ○○인가?" 하는 물음에 "△△이니까!"라는 원인이 나오면 다시 "왜 △△인가?"라고 물어 "그것은 □□이니까!"라는 식으로 계속 "왜?"를 반복해서 의견이 더 나오지 않게 될 때까지 되풀이 한다.

⑤ 요인의 중요도를 정한다.

검토한 원인 가운데 어떤 원인부터 조사할 것인지 명확히 하기 위해 영향도가 큰 것부터 ○표로 묶거나 색깔을 칠해서 요인의 점수를 매긴다.

- 영향도를 수치로 나타낼 수 있을 때는 파레토 그림을 작성하여 영향이 큰 상위 2~3항목에 표시를 한다.
- 영향도를 수치로 나타낼 수 없는 것은 다시 브레인 스토밍을 활용하여 의논한 후 영향도가 크다고 생각되는 2~3항목에 표시를 한다.

⑥ 원인을 확인한다.

의견이 다 나오면 그 특성 요인도를 보면서 전원이 다음 내용에 관해 확인한다.

- 특성이 데이터를 취할 수 있는 표현으로 되어 있는가?
- 특성이 목적에 맞는(원인추구형인가, 대책검토형인가) 표현으로 되어 있는가?
- 큰뼈부터 손자뼈까지 계통적으로 정리되어 있는가?
- 특성과 관계없는 원인이 들어 있지 않은가?
- 원인의 중요도 정하기와 우선순위가 정해져 있는가?
- 지엽적인 원인에 대해 구체적인 행동을 취할 수 있을 만큼 검토가 되고 있는가?

⑦ 이력사항을 적어 넣는다.

작성일, 작성자, 검토자, 대상제품, 작성목적 등의 필요한 이력사항을 적어 넣는다.

(4) 작성 시 주의사항

① 관계자 전원의 지식이나 경험을 활용하여 작성할 것

㉠ Brain Storming 법(4원칙)

- 남이 제안한 안건을 비판하지 않는다.
- 많은 의견과 다양한 안건을 제안한다.
- 연상법을 활발히 전개하여 안건제출에 도움이 되게 한다.
- 자유분방한 Idea를 환영한다.

㉡ KJ법(KJ법 A형 도해 = 친화도법(Affinity Diagram))

"혼돈 된 상태에서 수집한 언어 데이터를 상호의 친화성에 의해서 통합하여 해결해야 할 문제를 명확히 하는 방법"이다.

② 원인별, Lot별, 작업자별, 기계장치별 등의 관리적인 요인을 잊지 말 것

③ Sampling 오차, 측정 오차, 관능검사오차, 등의 오류에 주의할 것

④ 품질특성별로 몇 장의 특성요인도를 그려본다.

⑤ 특성 요인도를 층별한다.(계량적 요인과 계수적 요인)

⑥ 5W1H법과 개선 ECRS을 활용하여 문제점 해결에 중점을 둘 것

※ 개선의 ECRS

1. Eliminate(제거) : 불필요한 공정이나 업무 및 해결에 중점을 둘 것
2. Combine(결합) : 관련이 많은 공정이나 업무를 통합하는 것
3. Rearrange(재정리) : 공정이나 작업업무의 순서를 바꾸면 좀더 효과적일 때 재정리하는 것
4. Simplify(단순화) : 복잡한 공정이나 업무를 간단하게 하는 것
5. 특성요인도의 용도 : 용도는 매우 넓어서 현장, 사무, 연구, 영업 등 어디서라도 사용된다.
   - 개선, 해석용 : 품질향상, 능률향상, 원가절감 등을 목표로 현황을 해석하거나 개선활동에 사용할 수 있다.
   - 관리용 : 크레임 불량품의 다발 등 이상발생의 원인을 찾고, 이에 대한 조처용으로 사용할 수 있다.
   - 작업표준 작성용 : 작업방법, 관리점, 관리방법 등 작업표준의 제정 및

표준의 개정에 사용할 수 있다.

- 품질관리 도입용, 교육용 : 전원참가 토론시의 길잡이, 신입사원 교육 및 작업설명시 사용할 수 있다.
- 기술수준의 척도 : 기술수준이 높을수록 특성요인도의 내용이 충실하며, 요인의 분류항목이 구체적이다.

4) 체크 시트(Check Sheet)

(1) 개념

① 체크시트란 불량수, 결점수 등 셀 수 있는 데이터(계수형)가 분류항목별(층별) 어디에 집중하고 있는지를 알아보기 쉽게 나타낸 그림이나 표이다.

② 데이터를 취하기 위해서는 우선적으로 데이터를 기록하여 놓을 그림이나 표가 필요하다. 이때에 사용되는 그림이나 표를 체크시트라 한다.

(2) 목적

① 체크시트는 매일의 기록 용지 구실을 해 준다. 또 기록이 끝난 다음에는 데이터가 어디에 집중하고 있는가 한눈으로 알 수 있게 해주며 따라서 어디에 대책을 취할 것인가도 알게 해 준다.

② 데이터를 취할 때 사용목적이 분명하면 어떤 데이터를 어떻게 취해야 하는가를 분명히 하여 불필요한 업무를 사전에 제거할 수 있다.

(3) 체크 시트의 종류

① 기록용 체크 시트

② 관리용(점검, 확인용) 체크 시트

5) 산포도

(1) 산포도란

산포도란 2가지 데이터의 상호 관계를 알아보기 위해 한쪽을 x축에 다른 한쪽을 y축에 잡아 측정값을 매긴 것이다. 도포 시간과 두께의 관계, 온도와 함수율의 관계같이 짝으로 된 특성 값의 관계를 알아보는 도구이다.

(2) 산포도를 작성하는 목적

대응하는 2종류의 데이터에 대해서 그 산포한 상태를 보고

① 관계가 있는가? 없는가?

② 관계가 있다면 어떤 특성치를 규격치의 범위 내에 포함시키기 위해서는 요인을 어떤 값으로 조정하면 좋은 가를 조사하는데 사용한다.

(3) 대상

① 짝으로 된 두 변수 : 다른 도구에서는 크기라든가 무게 같은 어떤 한 가지 품질 특성을 취해 그 움직임을 알아보는 일이 많은데 산점도에서는 착육시간과 소지두께 등 두가지 품질 특성의 관계를 알아보는 것이다.

② 변수의 성질 : 원인으로 계수값을 취하지 않는다. 계량값을 취한다. 결과는 계수값, 계량값 어느 것이라도 좋다.

③ 원인으로 관리가 가능한 특성 : 원인으로는 기술적으로 관리가 가능한 특성을 취하는 것이 좋다.

(4) 산포도의 작성방법

[순서 1] 대응하는 데이터를 발취한다.(약 30조 정도)
- 두 종류의 특성치 = [원인(X), 결과(Y)]

[순서 2] Data X 및 Y의 각각의 최대치와 최소치를 구한다.

[순서 3] 가로축과 세로축을 만든다.

[순서 4] Data를 Mark한다.

[순서 5] 필요한 이력사항을 기입한다.

같은 데이터가 2개 있을 때는 ◎표를 한다. 층별 한 항목이 있을 때는 한쪽을 ○표로, 다른 한쪽을 ×표로 기입한다. 명백한 착오라고 판단되는 데이터는 제외한다. 이 경우 원래의 데이터를 추측할 수 있을 때는 수정하여도 좋다.

(5) 잘못된 작성법

① 층별을 하지 않은 잘못
예를 들어 2개의 기계에서 만든 물건과 2곳에서 구입하는 부품은 그 데이터를 구분해야 한다. 그러한 데이터를 일괄해서 만든 산점도를 보고 있으면 올바른 판단을 할 수 없다.

② X축에 결과를 Y축에 원인을 눈금으로 매긴 잘못
일반적으로 X축에 원인, Y축에 결과를 매긴 그래프에 익숙해져 있기 때문에

반대로 눈금을 매긴 산점도를 그려 놓으면 보는 사람이 잘못 판단하는 일이 생길 수 있다.

(6) 활용법

산점도는 대개 한편이 결과고 다른 한편이 원인이다. 따라서 결과를 관리하지 않고 원인을 관리하려는 데 뜻이 있다.

① 점의 분포상태와 상관관계

산점도의 분포는 대별하여 다음과 같이 분류할 수 있다. 여기에서 제조사 또는 조달처 등의 의사결정을 한다.

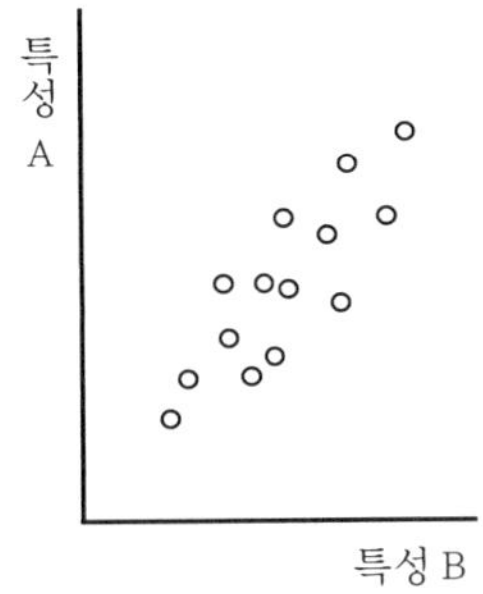

강한프러스상관
특성값 A는 특성값 B의 증가에 따라 증가한다.

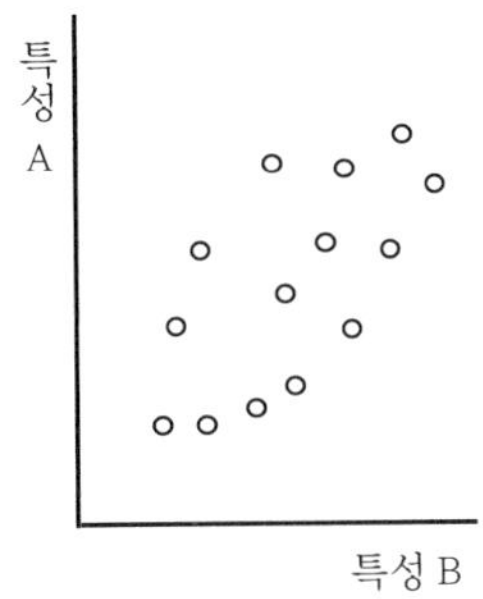

약한프러스상관
특성값 A는 특성값 B의 증가에 따라 증가하지만 다른 요인도 영향을 미친다.

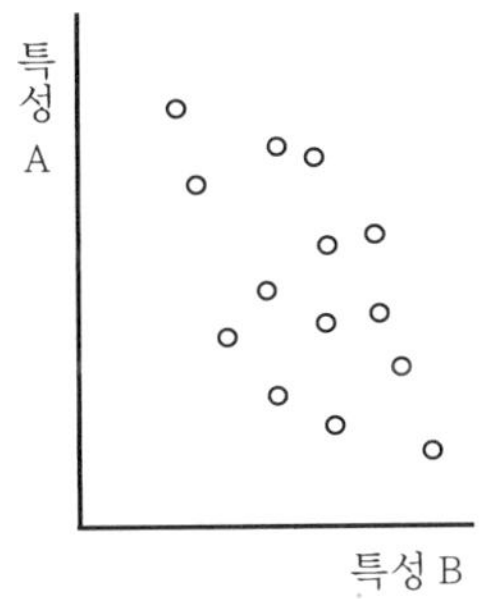

약한마이너스상관
특성값 A는 특성값 B의 증가에 따라 감소하지만 다른 요인도 영향을 미친다.

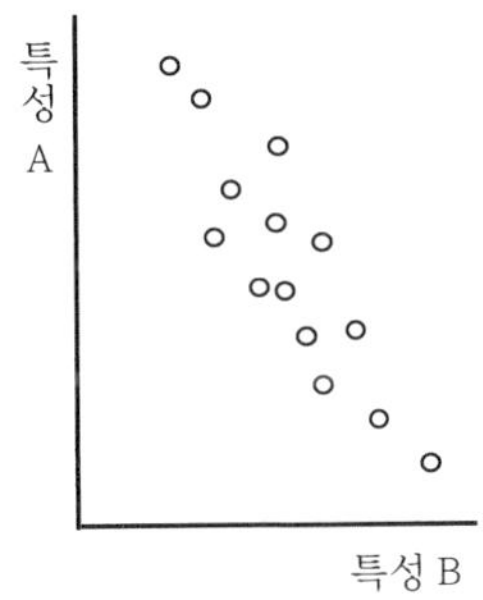

강한마이너스상관
특성값 A는 특성값 B의 증가에 따라 감소한다.

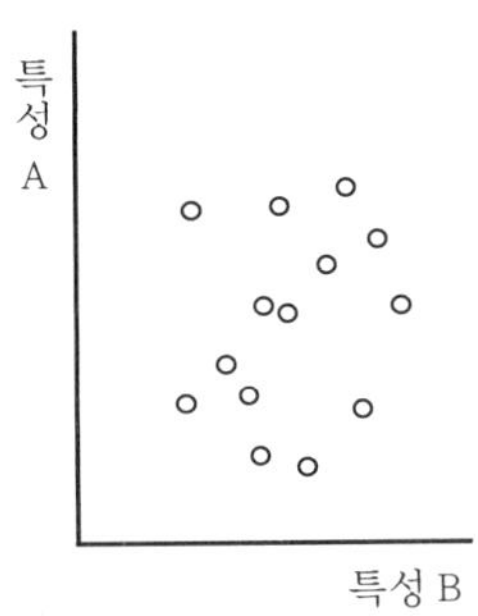

상관이 없다.
특성값 A와 특성값 B 사이에는 아무런 상관이 없다.

② 삐어져 나온 값은 없는가

산점도의 점의 집합에서 떨어져 나온 점이 없는지 점검한다. 떨어진 점은 대부분 측정착오, 데이터의 기록 실수나 작업 조건의 변화 같은 특별한 원인에서 비롯된다. 원인을 명백히 함으로써 공정 이상 같은 중요한 원인을 찾는 경우가 있다.

③ 층별

데이터를 모으는 단계에서부터 품질특성에 영향을 미칠 것으로 예상되는 층별 항목이 있을 때는 그 유래를 분명히 해 놓는다.

6) 히스토그램(Histogram)

(1) 히스토그램이란?

히스토그램이란 길이, 무게, 시간, 경도 등을 측정하는 데이터(계량치 데이터)가 어떠한 분포를 하고 있는가를 알아보기 쉽게 나타낸 그림이다.

히스토그램을 작성하면 데이터만으론 알아보기 어려웠던 전체의 모습을 간단하게 알 수 있고 대체적인 평균이나 산포의 모습 및 크기를 간단하게 알 수 있다.

(2) 히스토그램의 역할

① 분포의 상태를 알아보기 쉽게 하여 분포의 모습을 한눈으로 볼 수 있다.

② 데이터가 어떤 값을 중심으로 어떤 산포를 가지는 가를 알 수 있다.

③ 데이터 분포가 어떤 모양으로 하고 있는 가를 알 수 있다.

④ 많은 데이터로부터 평균치와 표준편차를 구하고 싶을 때

⑤ 실제 데이터을 규격과 비교하고 싶을 때

(3) 히스토그램의 적용

① 현상파악에 적용한다.

공정관리에서 불량이 생겨 그 불량을 없애고자 할 경우, 문제해결 순서의 현상파악의 순서에서 흔히 쓰이는 기법이다. 예를 들어 4M(기계, 작업자, 재료, 작업방법)등을 층별 한 히스토그램을 만들어 분포된 모습이나 규격값과의 관계를 살피는 일이다.

② 개선효과의 파악에 적용한다.

개선전과 후에 층별 한 히스토그램을 만들어 비교한다. 그것으로 개선효과를

평가한다.

③ 시험결과의 평가에 적용한다.

기술적인 개발시험과 평가시험의 데이터를 히스토그램으로 만들어 정규분포 등에 적합한지의 검토 자료로 삼는다. 그것으로 설계허용 값을 설정하는 등 중요한 판단 기준의 도구가 된다.

(4) 히스토그램 작성순서

① 기간을 정해서 Data을 발취한다.(n = 100개 정도)

② Data의 최대값(L)과 최소값(S)를 찾는다.

③ 최대값과 최소값의 차이를 구한다.

최대값과 최소값의 차이를 범위(R)라고 한다.(범위(R) = $L-S$)

④ 각 구간의 수(k)를 설정한다.

각 구간의 수 $k = \sqrt{\text{데이터의 수}(n)}$

⑤ 각 구간의 폭(h)를 설정한다.

각 구간의 폭 $h = \dfrac{\text{범위}(R)}{\text{각 구간의 수}(k)}$

⑥ 구간의 경계값을 설정한다.

하한 경계값 $= \text{최소값}(S) - \left(\dfrac{\text{최소측정단위}}{2}\right)$

☞ 최소 측정단위는 소수점 한자리일 때 0.1, 두자리 일때는 0.01

상한 경계값 = 제 1구간의 하한 경계값+구간의 폭(h)

⑦ 각 구간의 중앙값을 설정한다.

각 구간의 중앙값은 그 구간의 하한 경계값과 상한 경계값의 평균값이므로

각 구간의 중앙값 $= \dfrac{\text{구간 하한 경계값} + \text{구간 상한 경계값}}{2}$

⑧ 도수표를 작성한다.

⑨ Graph 용지를 준비한다.

⑩ 가로축의 눈금을 긋고 중심치를 기입한다.

⑪ 세로축의 눈금을 긋고 도수를 기입한다.

⑫ 막대그래프를 그린다.

⑬ 평균치나 규격치를 막대그래프 좌우 측에 기입한다.

⑭ 이력 사항을 기입한다.(제품명, 공정명, Data를 발취한 기간, 장소 등)

(5) 히스토그램 보는 법과 사용법

① 히스토그램 보는 법

히스토그램에서 데이터의 집단이라는 정보를 얻으려면 다소의 기복은 무시하고 전체의 형상을 눈여겨보아야 한다.

- 분포의 중심위치는 어디인가?
- 데이터의 분포상태는 어떠한가?
- 분포의 형상은 어떠한가?

② 규격값과의 비교

규격값과 히스토그램을 비교해 봄으로써 제조공정의 현황이 요구하는 규격값을 만족시키고 있는지 알 수 있다. 반대로 제조공정의 능력을 무시하고 필요 이상으로 엄격하게 규정되어 있는 경우도 있는데 이러한 불합리를 발견하는 도구가 되기도 한다. 규격값이 규정되어 있는 경우에는 규격값의 라인을 그어 비교하면 되고, 규격값이 정해져 있지 않을 때는 목표값에 라인을 그어 비교한다.

비교를 하는 착안점은 다음과 같다.

- 분포의 중심이 규격값의 한가운데에 있는가?
- 분포의 들쭉날쭉이 너무 크거나 작지 않은가?
- 규격값에서 벗어나고 있지 않은가?
- 분포가 규격값의 폭 안에 여유를 가지고 들어가 있는가?

7) 관리도

(1) 관리도(Control Charts)

관리도란 품질의 산포를 관리하기 위하여 합리적으로 정한 선, 즉 관리 한계선(Control Limits)이 있는 그래프를 말하며, 이것을 사용하는 방법을 관리도법(Control Chart Methods)이라 한다. 관리도를 작성하는 목적은 공정에 관한 데이터를 관리·해석하며 필요한 정보를 수집하는 이들 정보에 의해 공정의 산포를 효율적으로 관리하여 품질개선 및 원가절감을 기하는 데 있다.

관리도에는 그 용도와 목적에 따라 몇 가지가 있으나 건설공사의 품질관리에 적합한 것은 다음과 같다.

① $\overline{X}-R$ 관리도

길이, 무게, 강도, 두께 등과 같이 연속 분포가 가능한 계량치의 관리에 쓰인다.

$\overline{X}$ 관리도는 집단의 평균치 변화를 관리하기 위해, R 관리도는 집단의 분포폭(分布幅)을 관리하기 위해 사용된다.

$\overline{X}$ 관리도와 R 관리도를 합성한 것은 2가지 내용을 동시에 확인해 나감으로서 공정상태의 변화를 점검할 수 있는 가장 기본적인 관리도이다.

② P 관리도, P_n 관리도

제품 또는 시료중에 불량품이 몇 개 있는가를 확인하는 등의 불연속분포의 계수치 관리에 이용된다. P 관리도는 불량을, P_n 관리도는 불량 수로 관리한다.

③ C 관리도

일정단위의 제품중에 결점수가 얼마나 되는가를 알려고 할 때 이용된다.

(2) $\overline{X}-R$ 관리도의 작성법

① Data의 수집 및 조분할(組分割)

최근의 Data을 수집하여 합리적인 방법으로 조 분할을 실시한다. Data는 60개 이상으로 통상 100개 정도를 로트(lot)별, 용량별, 시간별에 따라 순서대로 모으는데 1조의 Data수는 4~5개가 적당한다.

② 평균치 X 의 계산 : 조 별로 평균치 X 를 계산한다.

$$X = \frac{\Sigma X_n}{n}$$

ΣX_n : n개의 시험 측정치의 값

n : 한개 조의 측정치의 수

③ 범위 R 의 계산 : 組 중에 측정치의 최대값과 최소값의 차를 구한다.

$$R = X_{\max} - X_{\min}$$

$X_{\max}$: 조 중에 측정치의 최대값

$X_{\min}$: 조 중에 측정치의 최소값

④ 총 평균 $\overline{X}$ 의 계산 : 각조의 평균값의 합을 조 수로 나누어서의 평균을 계산한다.

$$\overline{X} = \frac{\Sigma X_n}{K}$$

ΣX_n : 평균값의 합

K : 조 수(組 數)

⑤ 범위의 평균값 $\overline{R}$의 계산 : 각조의 범위 R의 합을 조 수로서 평균값을 구한다.

$$\overline{R} = \frac{\Sigma R}{K}$$

ΣR : 범위의 합

⑥ 관리 한계선의 계산

㉠ $\overline{X}$ 관리도(管理圖) : 중심선 $CL = \overline{X}$

상측 관리 한계 $UCL = X + \overline{A_2}R$

하측 관리 한계 $LCL = X - \overline{A_2}R$

㉡ R 관리도(管理圖) : 중심선 $CL = R$

상측 관리 한계 $UCL = D_4R$

하측 관리 한계 $LCL = D_3R$

여기서 A_2, D_3, D_4는 Data tn n에 의해 결정되는 계수로 표와 같다.

〈관리도의 계수표〉

시료의 수 (n)	A_2	D_3	D_4
2	1.880	0	3.268
3	1.023	0	2.574
4	0.729	0	2.282
5	0.577	0	2.114
6	0.483	0	2.004
7	0.419	0.076	1.924
8	0.373	0.136	1.864
9	0.337	0.184	1.816
10	0.308	0.223	1.777

⑦ 관리도의 기입

두루마리, 방안지 등을 사용하여 X 관리도를 위에, R 관리도를 아래에 배치하고 조 번호순으로와 R 값을 맞추어 기입한다. X 관리도 좌상(左上)에 Data 수 n을 기입하고 관리선의 중심선은 실선으로 한계선을 점선으로 한다. X는 「·」으로, R는 「x」로 표시한다.

관리한계선을 벗어난 점은 「◉」, 「○」 등 적색으로 표시하고 한계선상의 점도 벗어난 것으로 간주한다. 표시한 점은 조 번호 순으로 가는 실선으로 연결한다.

⑧ 판정

표시한 X, R이 각각 관리한계선내에 들어 있으면 안정 상태에 있다고 판정하고, 벗어나면 그 점에 대하여 원인을 분석, 조치하여 재발을 방지한다.

⑨ 관리한계선의 조치가 이루어지면, 이 점을 제외하고 관리선을 다시 계산하여 중심선과 관리 한계선을 다시 긋는다. 한계를 벗어난 점이라도 원인 규명이 안 되거나 알고 있더라도 조치가 불가하면 그 점은 제외하지 않고 재계산에 사용한다. 처음에는 관리한계에서 벗어나더라도 그대로 사용한다. 당초의 관리한계선의 마지막 조 다음에는 마감선을 긋고 수정된 관리한계선은(일점쇄선 ━━ · ━)으로 긋는다.

⑩ 규격에 대한 검토

관리선 계산에 사용된 모든 규정치를 사용하여 Histogram을 작성하고 규격과 비교 검토한다.

(3) $\overline{X}-R$ 관리도의 작성 예

현장에서는 콘크리트의 압축강도 등은 KS에 정해진 대로 예비데이터를 $n=4\sim5$로 하고 20~25조씩 채취하기가 어려운 경우가 있다.

① 예비데이터 대신 규격의 상한, 하한을 관리선으로 하여 최초의 5조의 관리를 한다.

② 그 5조의 데이터로부터, R의 관리한계를 구하여 다음 5조의 관리를 한다.

③ 다음에 여기까지의 계10조의 데이터 전부를 사용하여 재차 관리한계를 계산해서 다음 10조의 관리를 한다.

④ 이상의 계20조의 데이터로부터 관리한계를 구해서 다음의 20조를 관리하고

⑤ 그후로는 20조를 단위로 최근의 20조의 데이터에 의하여 다음 20조에 대한 관리한계를 구하는 일을 되풀이 한다. 이것을(5+5+10+20)방식이라고 부른다.

이 방식에 의한 관리도의 예는 표와 같다.

〈 $\overline{X}-R$ 관리도 데이터 시트(예) 〉

명 칭			공 사 명			측 정 기 간	부터	년 월 일
품 질 특 성		28일 압축 강도	사 무 소 명				까지	년 월 일
측 정 단 위		MPa	일 표 준 량			의뢰자		
규격 한계	상 한		시료	크기	$n=4$	현장 대리인		[인]
	하 한			간격	9시, 11시, 14시, 4시	측정자		[인]
설계 기준서			작업 기계명			작업자		

측정 일자	시험 번호	측 정 값 X_1	X_2	X_3	X_4	X_5	계 ΣX	평균값 $\overline{X}$	범위 R R_2	R_3	R_4	R_5
	1	19.5	19.2	21.0	23.4		83.1	20.8			4.2	
	2	19.5	20.9	21.0	24.2		85.6	21.4			4.7	
	3	18.8	22.9	20.1	21.1		82.9	20.7			4.1	
	4	21.4	23.9	20.5	21.5		87.3	21.8			3.4	
	5	21.3	19.0	24.5	21.4		86.2	21.6			5.5	
	6	24.1	19.8	23.6	20.9		88.4	22.1			3.8	
	7	22.6	20.6	22.7	21.0		86.9	21.7			2.1	
	8	21.8	20.0	22.1	20.8		84.7	21.2			2.1	
	9	22.1	21.5	21.8	22.9		88.3	22.1			1.4	
	10	23.0	22.3	21.3	20.3		86.9	21.7			2.7	
	11	22.6	20.9	22.0	24.7		90.2	22.6			3.8	
	12	23.5	20.5	22.4	24.3		90.7	21.9			3.0	
	13	22.4	20.6	21.4	23.3		87.7	21.9			2.7	
	14	19.0	21.2	20.5	20.6		81.3	20.3			2.2	
	15	24.6	21.8	21.4	20.7		88.5	22.1			3.9	
	16	22.6	20.0	21.1	20.6		84.3	21.1			2.6	
	17	23.7	21.4	21.9	20.8		87.8	22.0			2.9	
	18	22.8	21.9	22.8	22.0		89.5	22.2			0.9	
	19	22.9	22.3	21.4	22.4		89.0	22.2			1.0	
	20	22.6	21.8	20.4	21.7		86.5	21.6			2.2	
기사												

항 목	$\overline{X}$	R
$\overline{X} \pm A_2R = 21.3 \pm 0.729 \times 4.38 = 24.5 \sim 18.1$, $D_4R = 2.282 \times 4.38 = 10$		
평 균	21.3	4.38
개 수	5	5
소 계	106.3	21.9
누 계	106.3	21.9
$\overline{X} \pm A_2R` = 21.51 \pm 0.729 \times 3.4 = 24.0 \sim 19.0$, $D_4R` = 2.282 \times 3.4 = 7.76$		
평 균	21.51	3.4
개 수	10	10
소 계	108.8	12.1
누 계	215.1	34
$\overline{X} \pm A_2R = 21.7 \pm 0.729 \times 2.96 = 23.9 \sim 19.5$, $D_4R = 2.282 \times 2.96 = 6.75$		
평 균	21.7	2.96
개 수	20	20
소 계	218.9	25.2
누 계	434.0	59.2

n	d_2	d_3	A_2	D_4
2	1.128	0.853	1.880	3.267
3	1.693	0.888	1.023	2.575
4	2.095	0.880	0.729	2.282
5	2.326	0.864	0.577	2.115

주 (1) 품질관리, 측정 단위, 시공 관리 기준에 따라서 기입한다.
(2) 규격 한계, 설계 기준값은 설계도서, 시방서에 정해진 값을 기입한다.
(3) 관리 한계선은 5+5+10+20+20 방식 또는 5+3+5+7+10+10+10 방식에 의한다.

4.3 신품질관리의 7가지 도구

1) 연관도법

연관도법이란 『복잡한 요인(원인 - 결과, 목적 - 수단)이 얽혀있는 문제에 대하여 각 요인의 인과관계를 논리적으로 연결하여 명확히 함으로써 적체한 해결책을 찾아내는 방법』으로 정의된다. 연관도법은 다음과 같은 용도로 쓰인다.

① QA방침의 전개·결정 ② QM추진계획의 입안
③ 시장 클레임 대책 ④ 제조공정에 있어서의 품질개선
⑤ 분임조활동의 추진개선

그리고 연관도법은 〈그림 1〉 원인추구형 연관도와, 〈그림 2〉 수단전개형 연관도와 같이 2종류가 있다.

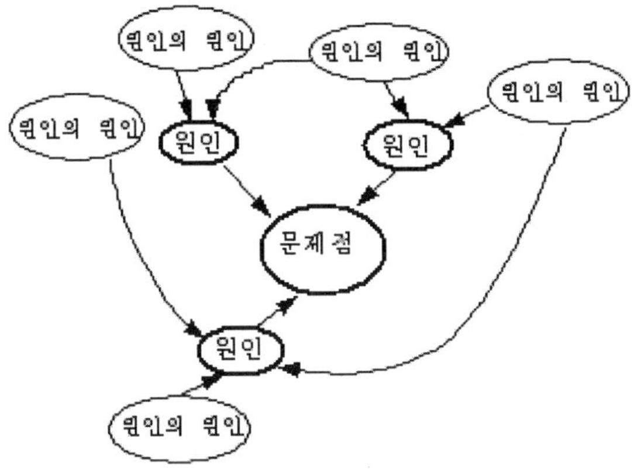

〈그림 1〉 원인추구형 연관도의 사례

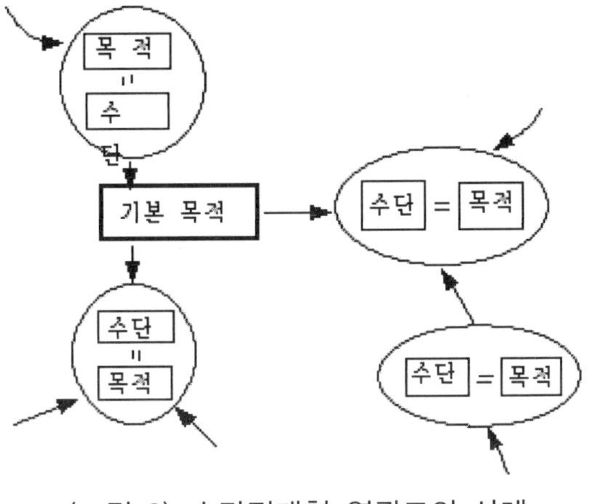

〈그림 2〉 수단전개형 연관도의 사례

2) KJ법(친화도법)

KJ법이란『혼돈된 상태에서 수집한 언어 데이터를 상호의 친화성에 의해서 통합한 그림을 작성함으로써 해결해야 할 문제의 소재·형태를 명확히 하는 방법』으로 정의되며, 여기서 KJ는 일본의 학자 이름인 가와끼다 지로오(Kawakita Jiro)의 두문자를 딴 것이다.

KJ법은 다음과 같은 용도로 쓰인다.

① 품질관리의 방침을 새로이 세워 계획을 책정하고자 할 때

② 품질관리 분임조의 활성화

③ 신규사업, 신제품·새기술에 관한 품질방침을 세워 계획을 책정하고자 할 때

그리고 KJ법의 사례로서 〈그림 3〉을 나타내었다.

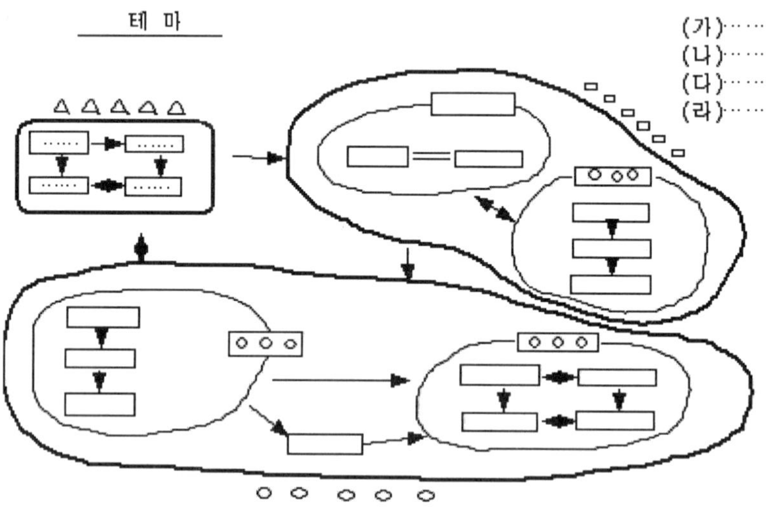

〈그림 3〉 KJ법(친화도법)의 사례

3) 계통도법

계통도법이란『목적·목표를 달성하기 위한 최적수단·방책을 계통적으로 전개함으로써 문제의 전모에 일관성을 주어 문제의 중점을 명확히 안다든지 목적·목표를 달성하기 위한 최적수단, 방책을 추구해가는 방법』으로 정의된다.

계통도법의 용도로는 다음과 같은 사항들을 제시할 수 있다.

① 목표·방침의 실시사항 전개

② 신제품 개발에 있어서의 설계품질의 전개

③ 부문에 대한 관리기능의 명확화와 효율화 방책의 추구

④ 품질보증활동을 보다 확실하게 한 것이 되게 하기 위한 품질보증의 전개와 QC 공정도에의 관련을 지음

계통도법의 작성방법은 〈그림 4〉와 같은데, 목적이 달성되기 위한 수단이 선택되고 그 수단을 강구하기 위해 다시 하위레벨의 수단을 필요로 하는 경우, 하위레벨의 수단은 하위레벨에 있어서는 목적이 된다는 것을 나타내고 있다.

그리고 계통도법은 다양한 분야에 응용되는데, 신제품개발에 있어서 설계품질의 전개에는 〈그림 5〉를, 품질보증활동의 전개와 QC공정도에의 관련 사례는 〈그림 6〉에, 기능계통도의 개념은 〈그림 7〉에 참고로 제시했다.

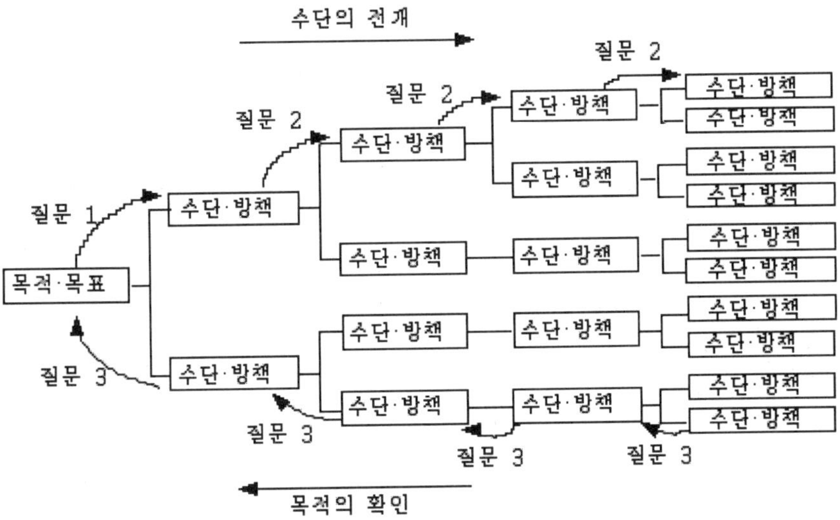

〈그림 4〉 계통도의 작성방법

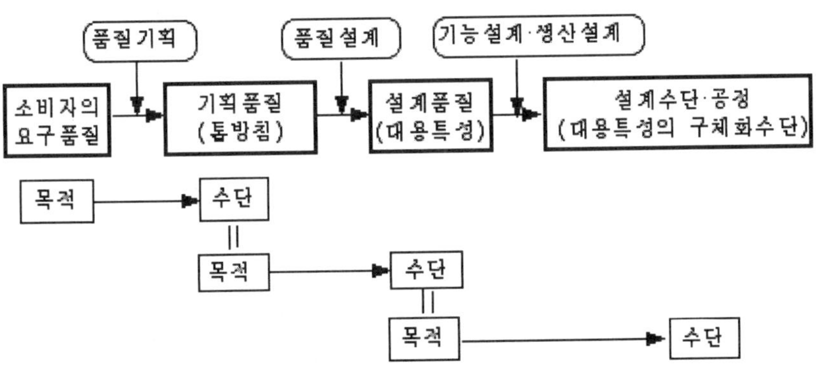

〈그림 5〉 신제품개발에 있어서의 설계품질계통도의 개념

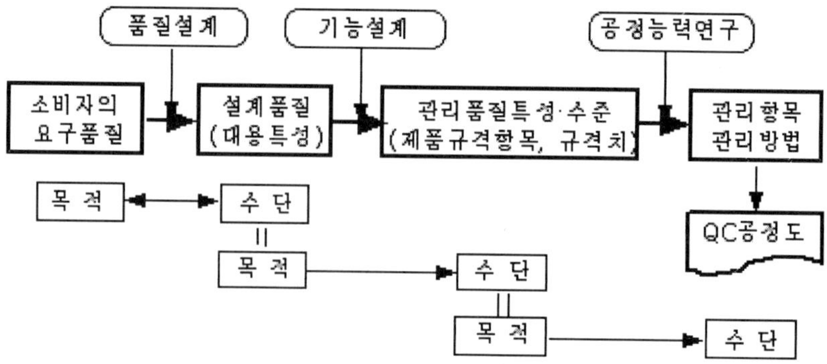

〈그림 6〉 품질보증계통도의 개념

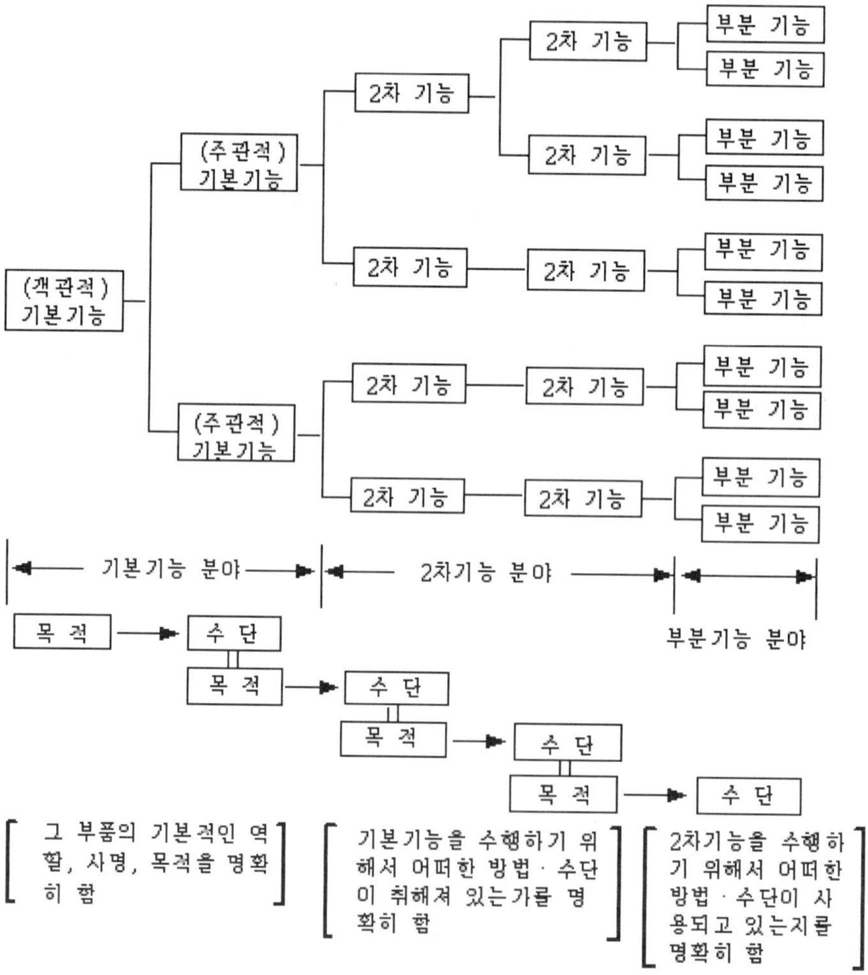

〈그림 7〉 기능계통도의 개념

4) 매트릭스도법

매트릭스도법이란 『문제가 되고 있는 항목 가운데서 짝이 되는 요소를 찾아내서 행과 열로 배치하여 그 교점에 각 요소의 관련유무 및 정도를 표시함으로써 착상의 포인트를 얻어 문제 해결을 효과적으로 추진하여 가는 방법』을 말한다.

이러한 매트릭스도법의 용도로는 다음과 같다.

① system제품의 개발·개량을 위한 착상점의 설정

② 품질평가 체제의 강화나 효율화

③ 목표와 방침의 전개

④ 제조공정에 있어서의 불량원인 추구

매트릭스도법은 〈그림 8〉과 같이 L형, T형, X형, Y형 매트릭스 등이 있고, L형 매트릭스가 가장 보편적으로 쓰이고 있다.

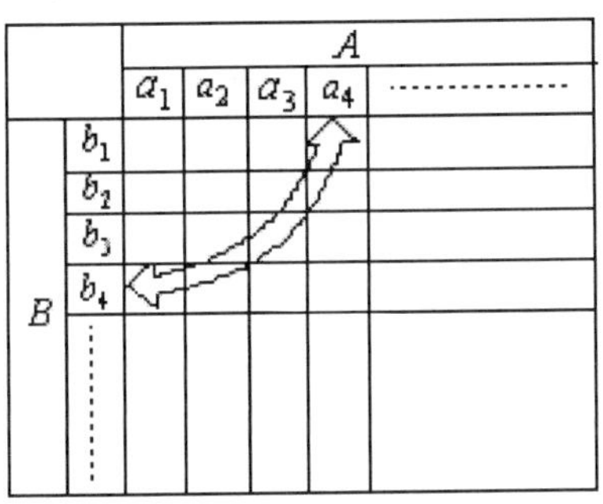

(a) L형 매트릭스

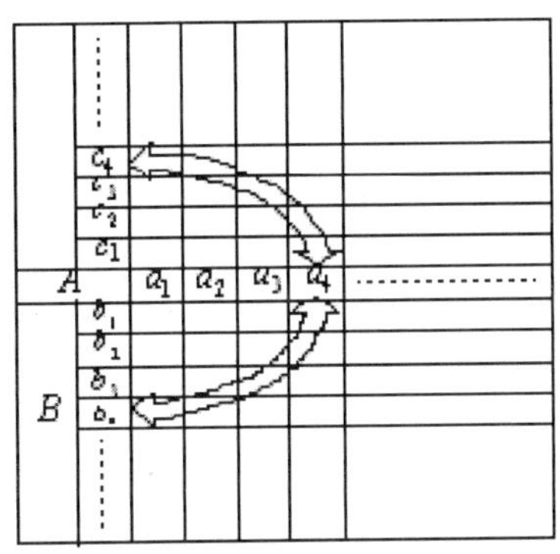

(b) T형 매트릭스

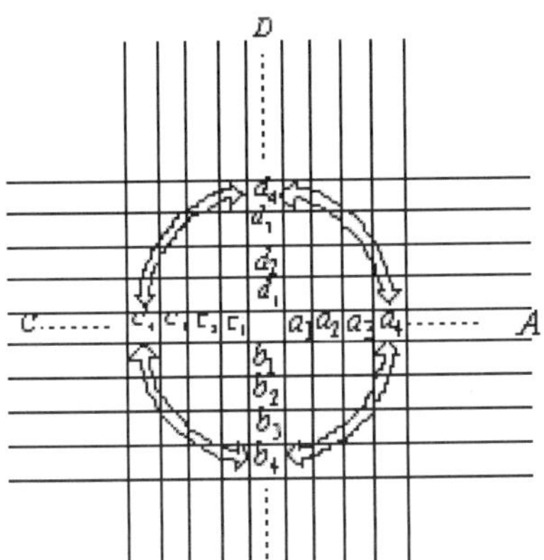

(c) X형 매트릭스

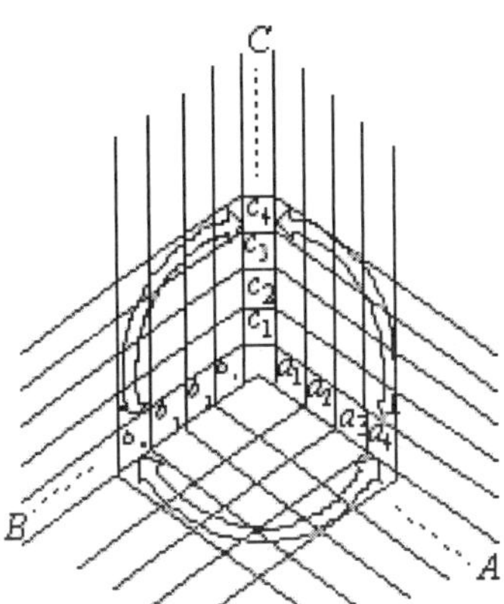

(d) Y형 매트릭스

〈그림 8〉 매트릭스도

5) 매트릭스데이터 해석법

매트릭스데이터 해석법이란 『매트릭스도에 있어서 요소간의 관련이 정량화된 경우에 이것을 도상으로 알아보기 좋게 정리하는 방법』을 의미한다.

그리고 이의 용도로는

① 복잡하게 요인이 얽히는 공정의 해석

② 관능 특성의 분류 체계화

③ 복잡한 품질평가

등과 같다.

그리고 매트릭스데이터해석법의 예는 〈그림 9〉와 같다.

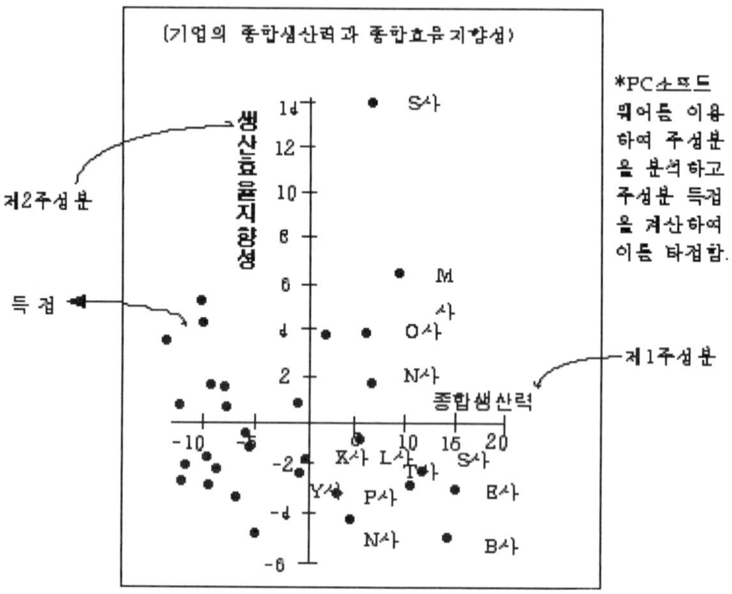

〈그림 9〉 매트릭스데이터해석법의 사례

6) PDPC법(Process Decision Program Chart)

PDPC법이란 『사태의 진정과 더불어 여러 가지 결과가 상정되는 문제에 대해서 바람직한 결과에 이르는 과정을 정하는 방법』을 말한다.

PDPC법의 용도로는 다음과 같다.

① 목표관리에 있어서 실시계획의 책정

② 기술·개발 과제(theme)의 실시계획의 책정

③ 제조공정에 있어서의 불량대책

그리고 PDPC법의 작성은 〈그림 10〉과 같다.

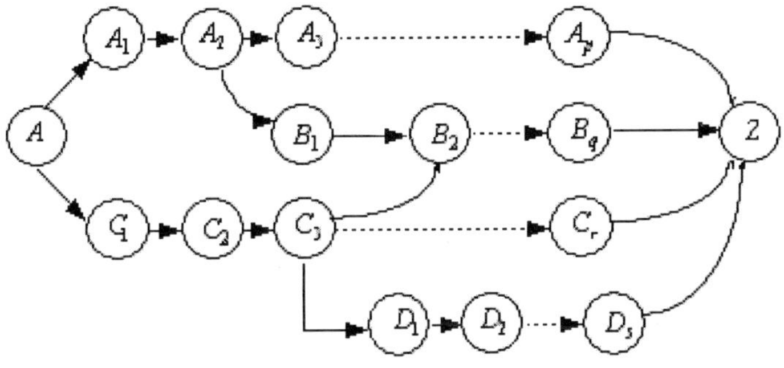

〈그림 10〉 PDPC법의 사례

7) 애로우다이어그램(Arrow Diagram)

애로우다이어그램이란 『최적의 일정계획을 세워 효율적으로 진척을 관리하는 방법』을 말한다. 애로우다이어그램의 용도로는 다음과 같다.

① 신제품개발의 추진계획과 그 진척관리

② 방침의 실시 순서작성

③ 시작의 일정계획과 그 진척관리

그리고 애로우다이어그램의 사례로는 〈그림 11〉과 같다.

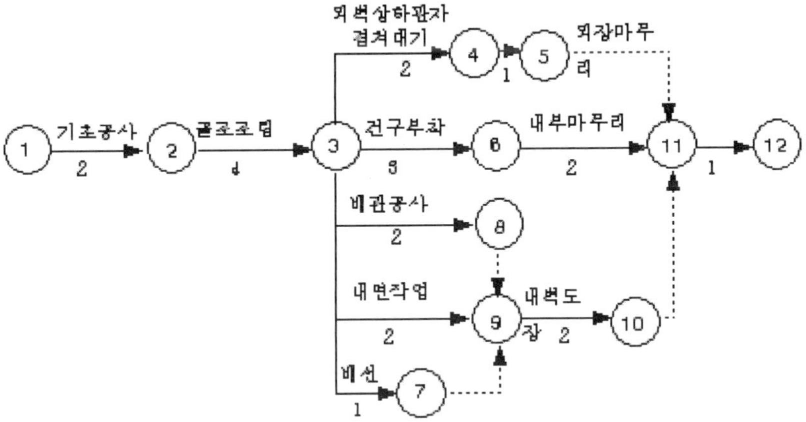

〈그림 11〉 Arrow Diagram의 사례

제 3 장

품질관련 자료

1. 시험·검사 장비기준 예시
2. 시험실관리 유의사항
3. 품질관리 서류작성 서식
4. 건설공사 품질관리 관련법규(발췌)

1. 시험·검사 장비기준 예시

1.1 시험·검사장비 설치기준

<table>
<tr><th>시 험 기 구</th><th colspan="2">규 격</th><th>수량</th><th>비 고</th></tr>
<tr><td>1. 압축강도시험기</td><td colspan="2">980kN 이상
(게이지 최소눈금 2kN 이하)</td><td>1대</td><td>전동식, 가압판 포함</td></tr>
<tr><td>2. 합축강도시험기</td><td colspan="2">49kN이하(감도 10N 이하)</td><td>1대</td><td>속도조절 가능한 디지털식
(경량기포콘크리트용)</td></tr>
<tr><td>3. 공시체몰드</td><td colspan="2">∅10×20cm</td><td>21조
63개</td><td>25mm 이하 골재인 경우
다짐봉 포함</td></tr>
<tr><td>4. 슬럼프콘</td><td colspan="2">∅10×20×30cm,
두께 1.5mm 이상</td><td>1조</td><td>다짐봉, 받침판 포함</td></tr>
<tr><td>5. 잔골재 시험용 체</td><td colspan="2">10, 5, 2.5, 1.2, 0.6, 0.3, 0.15, 0.08mm</td><td>1조</td><td>체가름시험기(현장 사용시)는
상하 수평전동식 사용</td></tr>
<tr><td>6. 굵은골재 시험용 체</td><td colspan="2">50, 40, 25, 20, 13, 10, 5, 2.5mm</td><td>1조</td><td>부순골재 포함</td></tr>
<tr><td rowspan="2">7. 저울</td><td>용 량</td><td>감 도</td><td rowspan="2">1대
1대
1대</td><td rowspan="2">2kg, 20kg, 60kg은 디지털식
20kg은 수중질량 측정겸용</td></tr>
<tr><td>2kg
20kg
60kg</td><td>0.1g 이하
1g 이하
10g 이하</td></tr>
<tr><td>8. 시료분취기</td><td colspan="2">쿼타린 캠퍼스</td><td>1대</td><td></td></tr>
<tr><td>10. 건조기</td><td colspan="2">150℃ 이상</td><td>3대</td><td>건조용량 50×50×50cm 이상</td></tr>
<tr><td>12. 혼합팬</td><td colspan="2">100×100×7cm</td><td>1대</td><td></td></tr>
<tr><td>13. 양생수조</td><td colspan="2"></td><td>2대</td><td></td></tr>
<tr><td>14. 온도계</td><td colspan="2">양생수조용</td><td>1개</td><td></td></tr>
<tr><td>14.1 온도계</td><td colspan="2">0~50℃</td><td>2개</td><td>콘크리트 온도 측정용</td></tr>
<tr><td>15. 함수율 측정기</td><td colspan="2">목재용</td><td>1대</td><td></td></tr>
<tr><td>16. 버니어캘리퍼스</td><td colspan="2">30cm 이상</td><td>1대</td><td>디지털식</td></tr>
<tr><td>17. 마이크로미터</td><td colspan="2"></td><td>1대</td><td>디지털식</td></tr>
<tr><td>18. 공기량 측정기</td><td colspan="2"></td><td>1대</td><td></td></tr>
<tr><td>19. 콘크리트 비파괴
시험기</td><td colspan="2">콘크리트 테스트해머</td><td>1대</td><td>Test Anvil 포함</td></tr>
<tr><td>20. 염분 측정기</td><td colspan="2">프린터 기능 내장</td><td>1대</td><td>교정액 포함</td></tr>
</table>

시 험 기 구	규 격	수량	비 고
21. 보온재 절단기	0~100V	1조	열선 포함
22. 원추형 몰드		1조	다짐봉 포함
23. 데시케이터	중형, 대형	각1개	흡습재 포함
24. 금속제 곧은자 및 줄자	2m, 3m 이상	각1개	
25. 시험대	1.0×2.0m 이상	1대	견고한 것
27. 연소성 시험장치	KS M 3808	1대	단열재 시험용
28. 플로우 시험용 틀 및 유리판	틀 : 80×80mm 판 : 350×350mm		경량기포콘크리트 시험용
29. 기포율 시험용 알콜			경량기포콘크리트 시험용
30. 큐빅 몰드	5cm×5cm×5cm	3조	압축강도 공시체 제작용
28. 플로우 시험용 틀	KS L 5111	1대	온돌마감 모르타르 시험용
29. 초자류(플라스크, 메스실린더)	500*ml*m 1000*ml*	각1개	
31. 건조도막 두께측정기	파괴식	1대	결로보완용 페인트 건조도막 두께 확인
32. 자기 온·습도 기록계		3개	동절기 양생온도 측정용
33. 공시체 집계	¢10×20	1개	
34. 수중용 히터		4개	
35. 철골검사 시험장비			철골현장
36. 흙의 입도 및 물리 시험용 체	10, 5, 2.0, 0.8, 0.4, 0.25, 0.1, 0.08mm	1조	
37. 현장밀도 시험기		1대	
38. 흙의 입도 및 물리 시험용 체		1조	
39. 용기	용량 5*l* 이상으로 밑이 둥근 것	1개	
40. 액성한계 시험기		1대	
41. 소성한계 시험기		1조	
42. 체가름 시험기		1개	상하 수평 전동식
43. 기타	현장시험에 필요한 부대장비 등		

※ 시험기구의 종류는 의뢰시험, 현장공종 따라 감리 협의하에 적용.

1.2 시험·검사장비 설명

장 비 사 진	장 비 설 명
	• 장비명 : 압축강도시험기 • 규 격 : 980kN 이상(게이지 최소눈금 2kN 이하) • 수 량 : 1대 • 교 정 : 1회/년 • 용 도 : 압축강도시험(콘크리트, 벽돌류 등) • 비 고 – KS B 5533의 표1에 규정하는 1등급 이상 – 전동식, 가압판(공시체용, 벽돌용) 포함
	• 장비명 : 공시체 몰드 • 규 격 – Ø10×20cm – KS F 2405(콘크리트 압축강도 시험방법) • 수 량 : 각 21조(63개) • 용 도 : 콘크리트 압축강도 시험용 공시체 제작 • 비 고 – 광물성 기름 또는 비반응성의 박리재 구비
	• 장비명 : 슬럼프콘 • 규 격 – Ø10×20×30cm, 두께 1.5mm 이상의 금속제 – KS F 2402(콘크리트의 슬럼프 시험방법) • 수 량 : 1조 • 용 도 : 레미콘 슬럼프시험 • 비 고
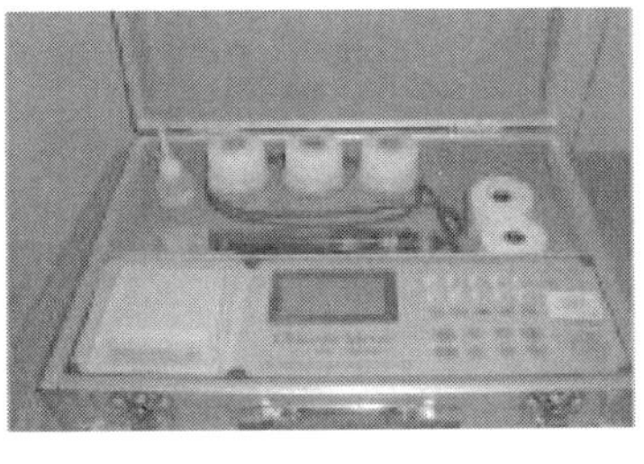	• 장비명 : 염화물 측정기 • 규 격 – 프린터 기능내장 – 측정범위 : 염화물이온농도(Cl/물) 0.01~1.5% – 오차범위 : 염소이온농도(Cl/물) 0.1~0.5±10% 이내 • 수 량 : 1대 • 교 정 : 1회/년 • 용 도 : 콘크리트 염화물 함유량 측정 • 비 고 : 교정액, 세척액(수돗물사용 금지) 구비

장 비 사 진	장 비 설 명

• 장비명 : 건조기
• 규　격 : 건조용량 50×50×50cm 이상, 150℃ 이상
• 수　량 : 3대
• 용　도 : 시료건조(흡수율, 건조밀도)
• 비　고 : 건조기 내부 온도측정용 온도계 구비

• 장비명 : 흙의 입도 및 물리시험용 체
• 규　격

잔 골 재		굵 은 골 재	
호칭치수	KS A 5101-1	호칭치수	KS A 5101-1
10	9.5	50	53
5	4.75	40	37.5
2.5	2.36	25	26.5
1.2	1.18	20	19
0.6	600㎛	13	13.2
0.3	300㎛	10	9.5
0.15	150㎛	5	4.75
0.08	75㎛	2.5	2.36

• 수　량 : 1조
• 용　도 : 75mm체를 통과한 흙의 입도 측정

• 장비명 : 흙의 입도 및 물리시험용 체
• 규　격
　- KS F 2302(흙의 입도시험 방법)
　- KS A 5105-1(시험용체-제1부 : 금속망 체)

호칭치수	KS A 5101-1	호칭치수	KS A 5101-1
10	9.5	0.4	425㎛
5	4.75	0.25	250㎛
2	2	0.1	106㎛
0.8	850㎛	0.08	75㎛

• 수　량 : 1조
• 용　도 : 75㎛체를 통과한 흙의 입도 측정

장 비 사 진	장 비 설 명
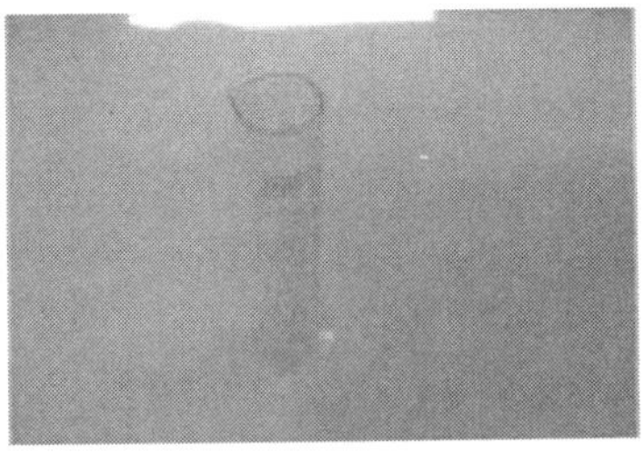	• 장비명 : 메스실린더 • 규 격 - 500*ml*, 1000*ml* - KS L 2317(부피측정용 유리기구) • 수 량 : 1대 • 용 도 : 시료부피측정(경량기포콘크리트 시험 등)
	• 장비명 : 데시케이터 • 규 격 : 중형, 대형 • 수 량 : 각1개 • 교 정 : 벽돌의 흡수율 시험 등 • 비 고 - 흡습재 구부 - 몸체와 덮개 사이 그리스로 충진
	• 장비명 : 혼합팬 • 규 격 : 100×100×7cm • 수 량 : 1개 • 용 도 : 흙의 밀도시험 등 • 비 고 : -
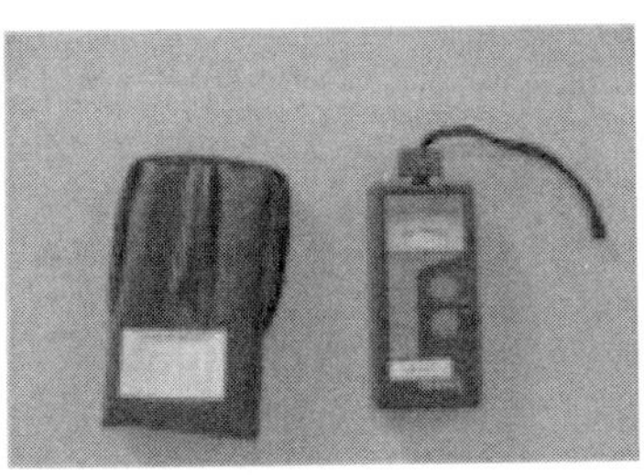	• 장비명 : 함수율 측정기 • 규 격 : • 수 량 : 1대 • 교 정 : 1회/년 • 용 도 : 목재 함수율 측정 • 비 고 : 디지털식 사용권장
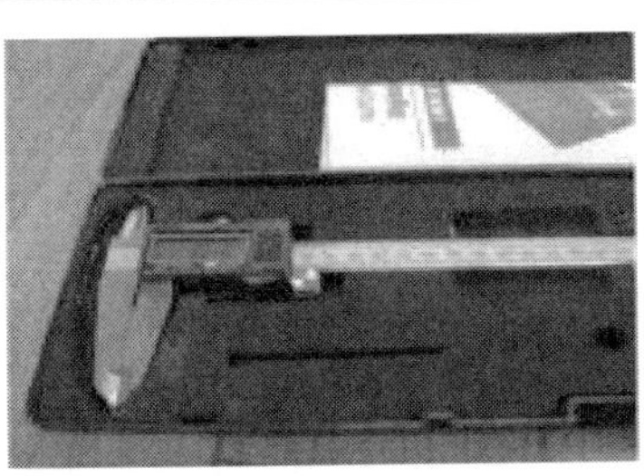	• 장비명 : 버니어 캘리퍼스 • 규 격 : 30cm 이상, 디지털식 • 수 량 : 1대 • 교 정 : 1회/년 • 용 도 : 치수측정(벽돌, 단열재, 관류 등) • 비 고 :

<table>
<tr><th>장 비 사 진</th><th>장 비 설 명</th></tr>
<tr><td></td><td>• 장비명 : 마이크로 미터
• 규 격 : 디지털식
• 수 량 : 1대
• 교 정 : 1회/년
• 용 도 : 치수측정
• 비 고 :</td></tr>
<tr><td>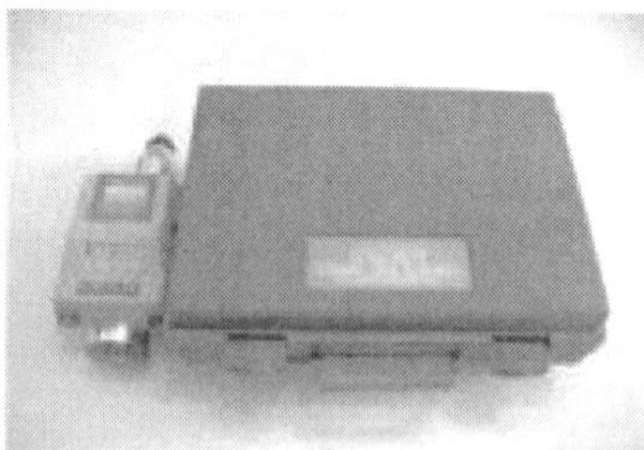</td><td>• 장비명 : 콘크리트 비파괴 시험기
• 규 격 : 콘크리트 테스트 해머
• 수 량 : 1조
• 교 정 : 구입시(사용전 자체 교정실시)
• 용 도 : 콘크리트 반발경도 확인
• 비 고 : Test Anvil 포함</td></tr>
<tr><td>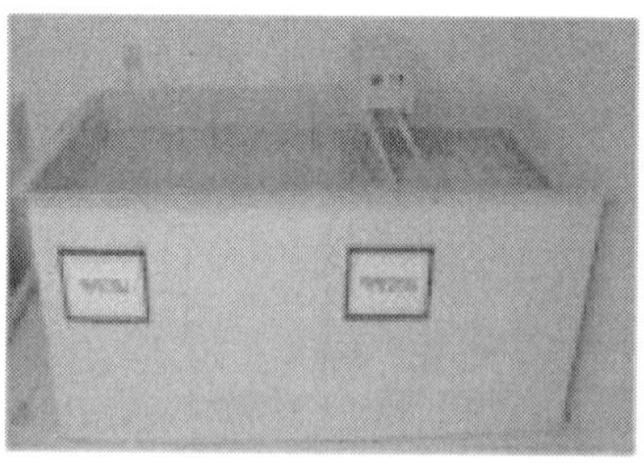</td><td>• 장비명 : 양생수조, 온도계
• 규 격 : 2.0×1.0×0.8m 이상
• 수 량 : 수조 1조, 온도계 1대
• 교 정 : 1회/년(온도계)
• 용 도 : 콘크리트 공시체 양생, 수조온도측정
• 비 고
- 히터 및 물순환장치 포함
- 하부 팔렛트 설치, 급배수 시설 고려
- 공사규모에 따라 수조 수량 또는 크기 고려</td></tr>
<tr><td>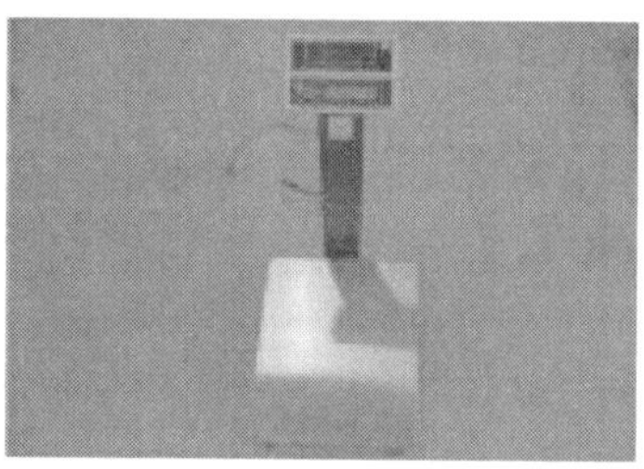</td><td>• 장비명 : 저울
• 규 격
<table><tr><th>용 량</th><th>감 도</th></tr><tr><td>2kg</td><td>0.1g</td></tr><tr><td>20kg</td><td>1g</td></tr><tr><td>60kg</td><td>10g</td></tr></table>• 수 량 : 각 1대
• 교 정 : 1회/년
• 용 도 : 무게측정(단열재, 골재 등)
• 비 고</td></tr>
</table>

장 비 사 진	장 비 설 명
	• 장비명 : 원추형 몰드 • 규 격 - 윗지름(40±3)/밑지름(90±3)/높이(75±3)/두께 4mm 이상 - KS F 2504(잔골재의 밀도 및 흡수율 시험방법) • 수 량 : 1조 • 용 도 : 잔골재 밀도 및 흡수율 시험 • 비 고 : 다짐봉 포함 [질량(340±15g), 지름(23±3mm)인 평평하고 원형인 다짐면을 가진 것]
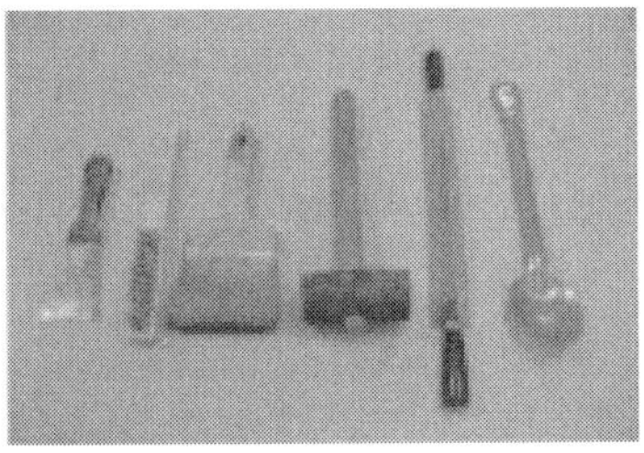	• 솔, 고무망치, 끌, 비빔주걱, 볼 등 현장시험에 필요한 부대장비 등 공기구
	• 장비명 : 들밀도 시험기 • 규 격 - KS F 2311(모래 치환법에 의한 흙의 현장밀도 시험) • 수 량 : 1대 • 교 정 : 노체, 노상의 다짐도 판정을 위한 흙의 밀도 측정 • 비 고 : 표준사 포함
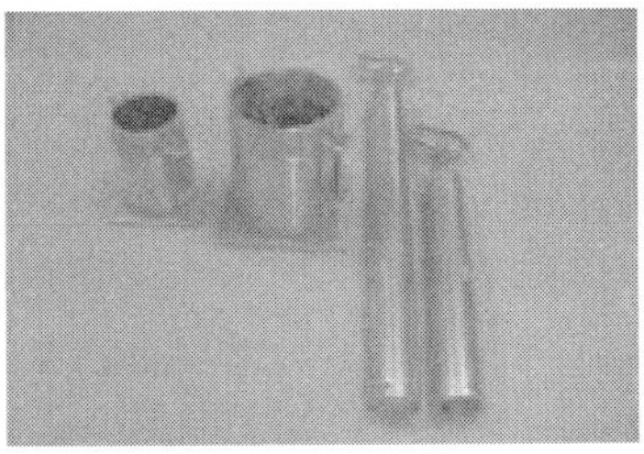	• 장비명 : 다짐시험기 • 규 격 : KS F 2312(흙의 다짐시험) • 수 량 : 규격별 1조 • 용 도 : 흙의 건조단위중량 측정 • 비 고 : 몰드, 램머 포함
	• 장비명 : 용지 • 규 격 : 용량 5l 이상의 밑이 둥근 것 • 수 량 : 1개 • 용 도 : 콘크리트 씻기 분석 시험용

장 비 사 진	장 비 설 명
	• 장비명 : 액성한계 시험기 • 규 격 : KS F 2303(흙의 액성한계·소성한계 시험) • 수 량 : 1조 • 용 도 : 425㎛체를 통과한 흙의 액성한계 시험 • 비 고 : 전동식 또는 수동식
	• 장비명 : 소성한계 시험기 • 규 격 : KS F 2303(흙의 액성한계·소성한계 시험) • 수 량 : 1조 • 용 도 : 425㎛체를 통과한 흙의 소성한계 시험

1.3 교정검사 대상장비

(1) 현장시험실 비치장비 중 교정이 필요한 장비는 장비교정 주기에 따라 KOLAS 공인 국가교정기관에 의뢰, 교정을 받아야 한다.

(2) 대상장비 : 압축강도시험기, 저울, 온도계, 버니어 캘리퍼스, 마이크로미터, 공기량 측정기 등

(3) 압축강도 시험기는 시험실 이전시 추가로 교정을 실시

2. 시험실관리 유의사항

(1) 현장시험실 보안관리

- 시료의 보존 및 시험서류 분실방지 등을 위해 품질관리업무 관계자 외의 출입을 제한
- 보안키의 설치 등

(2) 장비의 관리번호

- 품질시험실에 비치된 장비에 고유번호를 부여하여 관리

(3) 교정관리

- 교정의뢰는 현장에 반입된 장비를 수급인이 의뢰할 것
- 장비제조업체가 의뢰한 성적서 사용불가

(4) 장비규격

- 관련시방 및 KS규격에 적합한 시험검사 장비 사용할 것
- 규격미달의 시험장비는 즉시 반출할 것

(5) 장비의 보관

- 시험장비는 즉시 사용이 가능하도록 보관
- 시험실 바닥에서 사용이 적합한 시험검사 장비는 바닥에 보관할 것
- 전원이 필요한 장비의 경우 전원공급이 가능한 장소에 적절하게 보관할 것

(6) 기타

- 품질시험 공간 확보를 위해 품질시험과 무관한 자재보관 지양
- 시험실을 표준상태(온·습도관리) 유지 위한 냉·난방장치 설치 필요

※ 참고 : KS A 0006

3. 품질관련 서류작성 서식

구　분	작 성 서 식
1. 품질시험 검사 의뢰서	건설기술진흥법시행규칙 제48호 서식
2. 품질시험·검사대장	건설사업관리업무지침서 별지 제15호 서식
3. 품질시험·검사 성과 총괄표	건설사업관리업무지침서 별지 제36호 서식
4. 주요(지급) 자재 수불부	건설공사감독자업무지침 별지 제4호 서식
5. 주요 자재 검사 및 수불부	건설사업관리업무지침서 별지 제19호 서식
6. 품질시험·검사 실적보고서	건설사업관리업무지침서 별지 제37호 서식
7. 자재공급원 승인 요청·결과 통보내용	건설사업관리업무지침서 별지 제18호 서식
8. 구조물별 콘크리트 타설현황	건설사업관리업무지침서 별지 제16호 서식
9. 콘크리트 구조물 균열관리 현황	건설사업관리업무지침서 별지 제22호 서식

(건설기술진흥법시행규칙 별지 제48호)

1. 품질검사 의뢰서

시험·검사종목	(*)		
시료명			
시료량	(채취일 : . .)		
시료 또는 자재 생산국			
시료 채취 장소			
시료 채취자	소속	담당업무	성명 (서명 또는 인)
입회자	소속	담당업무	성명 (서명 또는 인)
시험 및 시방기준			
성과 이용 목적			
공사 개요 공사명			
공사 개요 착공일			
공사 개요 준공예정일			
발주자			
시공자			
국가중요시설 여부			

「건설기술진흥법」 제60조 제1항에 따라 품질시험·검사를 의뢰합니다.

년 월 일

의뢰인 성 명 (서명 또는 인)
전화번호
주 소

비고
1. 국가중요시설 여부는 "국가중요시설(시설명)"로 적습니다.
2. 국가중요시설이란 대통령관저, 국회의사당, 대법원, 국가정보원, 중앙행정기관의 청사, 원자력발전소, 발전용량 100만kW 이상 발전소, 전국권으로 방송되는 공영 라디오·TV방송국, 라디오방송 송신출력 500만kW 이상의 송신시설, 군사시설, 공항 및 댐 등을 말한다.

처 리 절 차

의뢰서 작성 → 접 수 → 시험·검사 실시 → 성과서 작성, 결재 → 발 급

절 취 선

접 수 증

1. 접수일 :
2. 의뢰 시험·검사 종목 :
3. 시료명 및 시료량 :

귀하께서 의뢰한 시험·검사 요청 건은 접수일부터 약 ( )일이 걸릴 예정임을 알려드리며 이 접수증을 발급한다.

년 월 일

접수자 : ○○○(건설기술용역업자)
성 명 (서명 또는 인)

210mm×297mm(일반용지 60g/㎡(재활용품))

(건설사업관리업무지침서 별지 제15호)

2. 품질시험·검사대장

공사명 :

일련번호	년월일	시험·검사구분	재료	시험·검사항목	시험기준	시험결과	시험결과판정	시험·검사자		건설사업관리 기설자 확인		비고
								성 명	서 명	성 명	서 명	

※ 작성요령

1. 건설 자재별로 기재(콘크리트 타설은 별지 제16호 서식으로 작성)합니다.
2. 시험성과표는 별도 기재합니다.
3. 비고란에는 시험결과 불합격 되었을 경우 조치내용 등을 기재합니다.

(건설사업관리업무지침서 별지 제36호)

3. 품질시험·검사성과 총괄표

공사명 : ○○공사(공사기간 . . ~ . . 공정 : %)

공 종	시험·검사종류(재료)	시험·검사회수					비 고
		계획	실시	합격	불합격	재시험	

작성일시 : 년 월 일
작 성 자 : 소속 : 직위 :
성 명 : (인 또는 서명)

(건설공사감독자업무지침 별지 제4호)

4. 주요(지급)자재 수불부

공사명 : 　　　　　　　　　　　　　　　　　　　　　착공일 : 　　.　　.　　.

품　명 : 　　　　　　　　규　격 : 　　　　　　　　준공일 : 　　.　　.　　.

월 일	설 계 량	인 수 량	출 고 량	잔 량	확 인	비고

(건설사업관리업무지침서 별지 제19호)

5. 주요자재 검사 및 수불부

품 명 :

설계량	단위	규격	반입일	반입량	합격량	불합격		출고일	출고량	잔량	검수자	서명
					금회/누계	불합격량	사유					

※ 작성요령

1. 상단은 반입검수자가 하단은 출고검수자가 기재합니다.
2. 현장 반입 후 작업장 반출시까지는 건설사업관리기술자의 감독하에 관리합니다.
   (매 출고시마다 건설사업관리기술자가 확인하여 반출량 및 잔량을 확인하여야 합니다.)

(건설사업관리업무지침서 별지 제37호)

6. 품질시험·검사실적 보고서

공종	시험·검사 종목	계획시험·검사회수	전월까지 시험·검사회수				금월 시험·검사회수				누계 시험·검사회수			
			실시	합격	불합격	재시험	실시	합격	불합격	재시험	실시	합격	불합격	재시험

(건설사업관리업무지침서 별지 제18호)

7. 자재 공급원 승인 요청·결과통보 내용

문서번호		수 신	책임건설사업관리기술자
공 사 명		공 종	건축□ 기계□ 토목□ 기타□
품 명		규 격	
제조회사명		KS·녹색제품유무	KS□ 비KS□ 환경표지□ GR□
시공자의견			
첨 부	인증서□ 사업자등록증□ CATALOG□ 공장등록증□ 시험성적서□ 납품실적□ 견본□ 기타□		
특기사항			
상기자재에 대한 검토를 요청하오니 결과를 통보하여 주시기 바랍니다. 20 년 월 일		담 당 자 (인) 현장대리인 (인)	

자재 승인 검토결과 통보서

문서번호		수 신	현장대리인
검토의견			
판 정	적합□ 조건부적합□ 부적합□		
특기사항	1. 공장방문 후 검토결과를 통보할 경우 해당공장방문 검사 Check List 첨부 2. 자체시험 및 외부 의뢰시험을 실시하는 경우 시험결과치 기록 또는 시험성적서 첨부		
상기 검토요청에 대한 검토결과를 통보합니다. 20 년 월 일		감당건설사업관리기술자 (인) 책임건설사업관계기술자 (인)	

(건설사업관리업무지침서 별지 제16호)

8. 구조물별 콘크리트 타설현황

<table>
<tr><th rowspan="3">구조물명</th><th rowspan="3">타설일자</th><th rowspan="3">타설부위</th><th rowspan="3">설계량(㎥)</th><th rowspan="3">타설량(㎥)</th><th rowspan="3">콘크리트 배합종류</th><th rowspan="3">납품회사</th><th rowspan="3">타설방법</th><th rowspan="3">타설시간</th><th rowspan="3">타설시 온도 (℃)</th><th colspan="4">시험결과</th><th colspan="4">시험자</th></tr>
<tr><th rowspan="2">슬럼프 (mm)</th><th rowspan="2">공기량 (%)</th><th rowspan="2">염분량 (kg/㎥)</th><th rowspan="2">28일 압축 강도 (MPa)</th><th colspan="2">시공사 직원</th><th colspan="2">건설사업 관리기술자</th></tr>
<tr><th>성명</th><th>서명</th><th>성명</th><th>서명</th></tr>
<tr><td></td><td></td><td></td><td></td><td></td><td></td><td></td><td></td><td></td><td></td><td></td><td></td><td></td><td></td><td></td><td></td><td></td><td></td></tr>
<tr><td></td><td></td><td></td><td></td><td></td><td></td><td></td><td></td><td></td><td></td><td></td><td></td><td></td><td></td><td></td><td></td><td></td><td></td></tr>
<tr><td></td><td></td><td></td><td></td><td></td><td></td><td></td><td></td><td></td><td></td><td></td><td></td><td></td><td></td><td></td><td></td><td></td><td></td></tr>
<tr><td></td><td></td><td></td><td></td><td></td><td></td><td></td><td></td><td></td><td></td><td></td><td></td><td></td><td></td><td></td><td></td><td></td><td></td></tr>
<tr><td></td><td></td><td></td><td></td><td></td><td></td><td></td><td></td><td></td><td></td><td></td><td></td><td></td><td></td><td></td><td></td><td></td><td></td></tr>
<tr><td></td><td></td><td></td><td></td><td></td><td></td><td></td><td></td><td></td><td></td><td></td><td></td><td></td><td></td><td></td><td></td><td></td><td></td></tr>
<tr><td></td><td></td><td></td><td></td><td></td><td></td><td></td><td></td><td></td><td></td><td></td><td></td><td></td><td></td><td></td><td></td><td></td><td></td></tr>
</table>

※ 작성요령

1. 슬럼프, 공기량과 28일강도 시험자가 다를 경우 슬럼프, 공기량 시험자는 상단에, 28일 강도 시험자는 하단에 성명과 서명
2. 직접타설 : Mixer Truck으로부터 직접 받아 타설
3. Pump : Pump Car로 타설
4. 콘크리트 배합 사례

- 25-21-08을 A1으로 할 경우
25-21-120는 A2
25-21-150는 A3 등으로 기재합니다.

- 19-24-08을 B1으로 할 경우
19-24-120는 B2
19-24-150는 B3 등으로 기재합니다.

(건설사업관리업무지침서 별지 제22호)

9. 콘크리트 구조물 균열관리 현황

균 열 관 리 대 장					
구조물명 및 규 모		위 치		원 인	
최초발견일		관리방법		보수현황	
단 면 도 및 전개도					

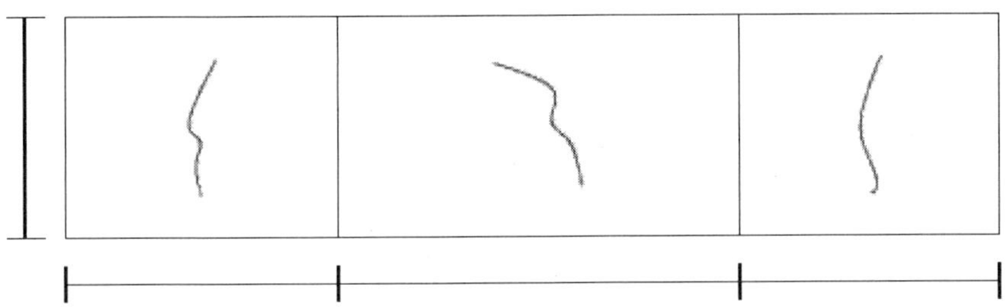

발생 부위 NO	Con'c 타설일	타설시 온도	1 차 조 사			조사자	확인자	2 차 조 사			조사자	확인자	3 차 조 사			조사자	확인자
			일자	균열 폭	균열 길이			일자	균열폭	균열 길이			일자	균열폭	균열 길이		

주) ① 보수현황은 보수기간, 보수방법, 보수회사, 보수금액 등이 포함되게 작성
② 단면도, 전개도는 필요시 별도 첨부

4. 건설공사 품질관리 관련법규(발췌)

법제처 홈페이지(http://www.moleg.go.kr) 참조

4.1 법규 제정 및 개정

가. 건설기술진흥법 -------------(2013.05.22 전부개정, 2016.08.12 시행)
나. 건설기술진흥법시행령 ---------(2014.05.22 전부개정, 2017.01.01 시행)
다. 건설기술진흥법시행규칙 --------(2014.05.22 전부개정, 2016.08.12 시행)

4.2 관련법규(발췌)

건설기술진흥법	건설기술진흥법시행령	건설기술진흥법시행규칙
제5장 건설공사의 관리 제55조(건설공사의 품질관리) ① 건설업자와 주택건설등록업자는 대통령령으로 정하는 건설공사에 대하여는 그 종류에 따라 품질 및 공정 관리 등 건설공사의 품질관리계획(이하 "품질관리계획"이라 한다) 또는 시험 시설 및 인력의 확보 등 건설공사의 품질시험계획(이하 "품질시험계획"이라 한다)을 수립하고, 이를 발주자에게 제출하여 승인을 받아야 한다. 이 경우 발주청이 아닌 발주자는 미리 품질관리계획 또는 품질시험계획의 사본을 인·허가기관의 장에게 제출하여야 한다. ② 건설업자와 주택건설등록업자는 품질관리계획 또는 품질시험계획에 따라 품질시험 및 검사를 하여야 한다. 이 경우 건설업자나 주택건설등록업자에게 고용되어 품질관	제5장 건설공사의 관리 제89조(품질관리계획 등의 수립 대상 공사) ① 법 제55조제1항에 따른 품질관리계획(이하 "품질관리계획"이라 한다)을 수립하여야 하는 건설공사는 다음 각 호의 건설공사로 한다.〈개정 2014.11.11〉 1. 감독 권한대행 등 건설사업관리 대상인 건설공사로서 총공사비(관급자재비를 포함하되, 토지 등의 취득·사용에 따른 보상비는 제외한 금액을 말한다. 이하 같다)가 500억원 이상인 건설공사 2. 「건축법 시행령」 제2조제17호에 따른 다중이용 건축물의 건설공사로서 연면적이 3만제곱미터 이상인 건축물의 건설공사 3. 해당 건설공사의 계약에 품질관리계획을 수립하도록 되어 있는 건설공사 ② 법 제55조제1항에 따른	제5장 건설공사의 관리 제49조(품질관리계획 등을 수립할 필요가 없는 건설공사) 영 제89조제3항 본문에서 "국토교통부령으로 정하는 건설공사"란 다음 각 호의 공사를 말한다. 1. 조경식재공사 2. 삭제〈2016.7.4〉 3. 철거공사 제50조(품질시험 및 검사의 실시) ① 법 제55조제2항 또는 법 제60조제1항에 따라 품질시험 및 검사(이하 "품질검사"라 한다)를 하거나 대행하는 자는 별지 제42호서식의 품질검사 대장에 품질검사의 결과를 적되, 전자적 처리가 불가능한 특별한 사유가 없으면 전자적 처리가 가능한 방법으로 작성·관리하여야 한다. ② 건설공사현장에서 하는 것이 적절한 품질검사는 건설

건설기술진흥법	건설기술진흥법시행령	건설기술진흥법시행규칙
리 업무를 수행하는 건설기술자는 품질관리계획 또는 품질시험계획에 따라 그 업무를 수행하여야 한다. ③ 발주청, 인·허가기관의 장 및 대통령령으로 정하는 기관의 장은 품질관리계획을 수립하여야 하는 건설공사에 대하여 건설업자와 주택건설등록업자가 제2항에 따라 품질관리계획에 따른 품질관리를 적절하게 하는지를 확인할 수 있다. ④ 품질관리계획 또는 품질시험계획의 수립 기준·승인 절차, 제3항에 따른 품질관리의 확인 방법·절차와 그 밖에 확인에 필요한 사항은 대통령령으로 정한다.	품질시험계획(이하 "품질시험계획"이라 한다)을 수립하여야 하는 건설공사는 제1항에 따른 품질관리계획 수립 대상인 건설공사 외의 건설공사로서 다음 각 호의 어느 하나에 해당하는 건설공사로 한다. 이 경우 품질시험계획에 포함하여야 하는 내용은 별표 9와 같다. 1. 총공사비가 5억원 이상인 토목공사 2. 연면적이 660제곱미터 이상인 건축물의 건축공사 3. 총공사비가 2억원 이상인 전문공사 ③ 제1항과 제2항에도 불구하고 건설업자와 주택건설등록업자는 원자력시설공사와 건설공사의 성질상 품질관리계획 또는 품질시험계획을 수립할 필요가 없다고 인정되는 건설공사로서 국토교통부령으로 정하는 건설공사에 대해서는 품질관리계획 또는 품질시험계획을 수립하지 아니할 수 있다. 다만, 건설공사의 설계도서에서 품질관리계획 또는 건설공사의 품질시험계획을 수립하도록 되어 있는 건설공사에 대해서는 품질관리계획 또는 품질시험계획을 수립하여야 한다. ④ 품질관리계획은 「산업표준화법」 제12조에 따른 한국산업표준(이하 "한국산업표준"이라 한다)인 케이에스 큐 아이에스오(KS Q ISO) 9001 등에 따라 국토교통부장관이	공사현장에서 하여야 하며, 구조물의 안전에 중요한 영향을 미치는 시험종목의 품질시험을 할 때에는 발주자가 확인하여야 한다. ③ 법 제55조제2항 후단에 따른 품질관리 업무를 수행하는 건설기술자는 다음 각 호의 업무를 수행한다. 1. 법 제55조제1항에 따른 건설공사의 품질관리계획(이하 "품질관리계획"이라 한다) 또는 품질시험계획(이하 "품질시험계획"이라 한다)의 수립 및 시행 2. 건설자재·부재 등 주요 사용자재의 적격품 사용 여부 확인 3. 공사현장에 설치된 시험실 및 시험·검사 장비의 관리 4. 공사현장 근로자에 대한 품질교육 5. 공사현장에 대한 자체 품질점검 및 조치 6. 부적합한 제품 및 공정에 대한 지도·관리 ④ 영 제91조제3항에 따른 건설공사 품질관리를 위한 시설 및 건설기술자 배치기준은 별표 5와 같다. ⑤ 건설업자 또는 주택건설등록업자는 발주청이나 인·허가기관의 장의 승인을 받아 공종이 유사하고 공사현장이 인접한 건설공사를 통합하여 품질관리를 할 수 있다. ⑥ 영 제92조제2항에 따른 건설업자 또는 주택건설등록업자가 품질관리 업무를 적정하게

건설기술진흥법	건설기술진흥법시행령	건설기술진흥법시행규칙
제56조(품질관리 비용의 계상 및 집행) ① 건설공사의 발주자는 건설공사 계약을 체결할 때에는 건설공사의 품질관리에 필요한 비용(이하 "품질관리비"라 한다)을 국토교통부령으로 정하는 바에 따라 공사금액에 계상하여야 한다. ② 건설공사의 규모 및 종류에 따른 품질관리비의 사용방법 등에 관한 기준은 국토교통부령으로 정한다. 제57조(건설자재·부재의 품질 확보 등) ① 국토교통부장관은 대통령령으로 정하는 건설자재·부재의 품질 확보를 위하여 필요한 경우에는 관계 중앙행정기관의 장과 협의하여	정하여 고시하는 기준에 적합하여야 한다. 제90조(품질관리계획 등의 수립절차) ① 건설업자와 주택건설등록업자는 품질관리계획 또는 품질시험계획을 수립하여 건설공사의 발주자(이하 이 절에서 "발주자"라 한다)에게 제출하는 경우에는 미리 공사감독자 또는 건설사업관리기술자(「건축법」 제25조 또는 「주택법」 제43조 및 제44조에 따라 감리업무를 수행하는 자를 포함한다. 이하 같다)의 검토·확인을 받아야 하며, 건설공사를 착공(건설공사현장의 부지 정리 및 가설사무소의 설치 등의 공사준비는 착공으로 보지 아니한다. 이하 제98조제2항에서 같다)하기 전에 발주자의 승인을 받아야 한다. 품질관리계획 또는 품질시험계획의 내용을 변경하는 경우에도 또한 같다. 〈개정 2015.7.6, 2016.8.11〉 ② 법 제55조제1항에 따라 품질관리계획 또는 품질시험계획을 제출받은 발주자나 인·허가기관의 장은 품질관리계획 또는 품질시험계획의 내용을 검토하여 보완하여야 할 사항이 있는 경우에는 건설업자 또는 주택건설등록업자로 하여금 보완하도록 하여야 한다. 제91조(품질시험 및 검사) ① 법 제55조제2항에 따른 품질시험 및 검사(이하 "품질검사"라 한	수행하고 있는지에 대한 확인은 제52조제2항에 따라 국토교통부장관이 고시하는 적정성 확인 기준 및 요령에 따른다. 제51조(품질검사 성과 총괄표) 영 제93조제1항에 따른 품질검사 성과 총괄표는 별지 제43호서식과 같다. 제52조(품질관리의 적절성 확인) ① 법 제55조제3항에 따른 품질관리의 적절성 확인은 해마다 한 번 이상 실시하되, 해당 건설공사의 준공 2개월 전까지 하여야 한다. ② 제1항에 따른 적절성 확인의 기준 및 요령은 국토교통부장관이 정하여 고시한다. 제53조(품질관리비의 산출 및 사용 기준) ① 법 제56조제1항에 따른 건설공사의 품질관리에 필요한 비용(이하 "품질관리비"라 한다)의 산출 및 사용기준은 별표 6과 같다. 다만, 품질검사를 실시하는 자가 영 제97조제1항 각 호에 따른 국립·공립 시험기관이고 해당 기관이 검사비용의 기준을 따로 정하고 있는 경우에는 그 기준을 따른다. ② 건설업자 또는 주택건설등록업자는 제1항에 따라 산출된 품질관리비를 해당 목적에만 사용하여야 하며, 발주자 또는 건설사업관리용역업자는 품질관리비 사용에 관하여 지도·감독할 수 있다.

건설기술진흥법	건설기술진흥법시행령	건설기술진흥법시행규칙
건설자재·부재의 생산, 공급 및 보관 등에 필요한 사항을 정하여 고시할 수 있다. ② 제1항에 따른 건설자재·부재를 생산(채취를 포함한다) 또는 수입·판매하는 자와 대통령령으로 정하는 공사에 이를 사용하는 건설업자 또는 주택건설등록업자와 레디믹스트콘크리트(시멘트, 골재 및 물 등을 배합한 굳지 아니한 상태의 콘크리트를 말한다) 또는 아스팔트콘크리트 제조업자는 다음 각 호의 어느 하나에 적합한 건설자재·부재를 공급하거나 사용하여야 한다. 〈개정 2013.7.16〉 1. 「산업표준화법」 제12조에 따른 한국산업표준에 적합하다는 인증을 받은 건설자재·부재 2. 그 밖에 대통령령으로 정하는 바에 따라 국토교통부장관이 적합하다고 인정한 건설자재·부재 ③ 레디믹스트콘크리트 제조업자가 반품된 레디믹스트콘크리트를 재사용하려는 경우에는 제2항 각 호의 어느 하나에 적합하여야 한다.〈신설 2013.7.16〉 ④ 국토교통부장관은 건설자재·부재의 품질이 적절한지 확인할 수 있으며, 확인 결과 건설공사에 사용하는 것이 적합하지 아니하다고 인정되는 경우에는 관계 중앙행정기관의 장에게 시정명령 등 필요한 조치를 하도록 요청할 수	다)는 한국산업표준, 건설기준 또는 국토교통부장관이 정하여 고시하는 건설공사 품질검사기준에 따라 실시하여야 한다.〈개정 2014.12.30〉 ② 제1항에도 불구하고 건설업자와 주택건설등록업자는 다음 각 호의 재료에 대해서는 품질검사를 하지 아니할 수 있다. 다만, 시간경과 또는 장소이동 등으로 재료의 품질 변화가 우려되어 발주자가 품질검사가 필요하다고 인정하는 경우에는 그러하지 아니하다. 1. 법 제60조제1항에 따라 품질검사를 대행하는 국립·공립 시험기관 또는 건설기술용역업자의 시험성적서가 제출되는 재료. 이 경우 시험성적서가 제출되는 재료(자재·부재를 포함한다. 이하 같다)는 발주자 또는 건설사업관리용역업자의 봉인(封印) 또는 확인을 거쳐 시험한 것으로 한정한다. 2. 한국산업표준 인증제품 3. 「주택법」 등 관계 법령에 따라 품질검사를 받았거나 품질을 인증받은 재료 ③ 법 제55조제2항에 따라 품질시험 및 검사를 하는 건설업자와 주택건설등록업자가 갖추어야 하는 건설공사 품질관리를 위한 시설 및 건설기술자 배치기준은 국토교통부령으로 정한다. 제92조(품질관리의 지도·감독 등) ① 발주자는 건설업자 또는 주	③ 건설업자 또는 주택건설등록업자는 법 제60조제1항에 따라 품질검사 등을 대행하게 하는 경우에는 그 비용을 부담하여야 한다. 제54조(공장인증 등) ① 영 제96조제2항에 따라 공장인증을 받으려는 자는 별지 제44호서식의 공장인증신청서에 다음 각 호의 서류를 첨부하여 국토교통부장관에게 제출하여야 한다. 1. 공장 기술인력 현황을 기록한 서류 2. 공장 규모 및 설비 현황을 기록한 서류 3. 그 밖에 국토교통부장관이 공장인증을 위하여 필요하다고 인정하여 고시하는 서류 ② 영 제96조제6항에 따른 공장인증서는 별지 제45호서식과 같다. ③ 국토교통부장관은 공장인증을 한 경우에는 별지 제46호서식의 공장인증서 발급대장에 적고, 별지 제47호서식의 공장인증대장을 작성·관리하여야 한다. ④ 법 제58조제4항 전단에서 "관계 행정기관 및 철강구조물공장을 운영하는 자 등 국토교통부령으로 정하는 자"란 다음 각 호의 자를 말한다. 〈신설 2016.7.4.〉 1. 관계 행정기관 2. 철강구조물공장을 운영하는 자

건설기술진흥법	건설기술진흥법시행령	건설기술진흥법시행규칙
있다.〈개정 2013.7.16〉 **제60조(품질검사의 대행 등)** ① 건설공사의 발주자, 건설업자 또는 주택건설등록업자는 대통령령으로 정하는 국립·공립 시험기관 또는 건설기술용역업자로 하여금 건설공사의 품질관리를 위한 시험·검사(이하 "품질검사"라 한다) 등을 대행하게 할 수 있다. ② 국토교통부장관은 품질검사를 대행하는 건설기술용역업자가 제1항에 따라 품질검사를 정확하게 하는지 조사하고, 필요한 경우에는 시정을 명하는 등의 조치를 할 수 있다. 이 경우 국토교통부장관이 필요하다고 인정하면 조사 결과를 공표할 수 있다.〈개정 2015.12.29〉 ③ 제1항에 따른 품질검사의 대행, 제2항에 따른 조사 및 조사 결과의 공표 등에 필요한 사항은 국토교통부령으로 정한다.〈개정 2015.12.29〉	택건설등록업자가 품질검사를 하여야 하는 대상 공종 및 재료를 설계도서에 구체적으로 표시하여야 한다. ② 발주자는 건설업자 또는 주택건설등록업자가 수립한 품질관리계획 또는 품질시험계획에 따라 건설공사의 시공 및 사용재료에 대한 품질관리 업무를 적절하게 수행하고 있는지 확인할 수 있다. 다만, 법 제55조제3항에 따른 품질관리의 적절성이 확인된 경우에는 따로 확인하지 아니할 수 있다. ③ 발주자는 제2항에 따라 품질관리 업무를 적절하게 수행하고 있는지를 확인하려는 경우에는 건설업자 또는 주택건설등록업자가 참여할 수 있도록 하여야 한다. ④ 발주자는 제2항에 따른 확인 결과 시정이 필요하다고 인정하는 경우에는 해당 건설업자 또는 주택건설등록업자에게 시정을 요구할 수 있다. 이 경우 시정을 요구받은 건설업자 또는 주택건설등록업자는 지체 없이 이를 시정한 후 그 결과를 발주자에게 통보하여야 한다. ⑤ 발주자는 제2항에 따른 확인을 법 제60조제1항에 따라 품질검사를 대행하는 국립·공립 시험기관 또는 건설기술용역업자에게 의뢰하여 실시할 수 있다.	**제56조(품질검사의 대행 의뢰 등)** ① 발주자, 건설업자 또는 주택건설등록업자는 법 제60조제1항에 따라 건설공사의 품질검사의 대행을 의뢰하려는 경우에는 별지 제48호서식의 품질검사 의뢰서를 법 제60조제1항에 따른 국립·공립 시험기관 또는 건설기술용역업자에게 제출하여야 한다. ② 건설업자 또는 주택건설등록업자는 제1항에 따라 건설공사의 품질검사의 대행을 의뢰하려는 경우에는 그 의뢰 내용에 대하여 미리 해당 건설공사 발주자의 확인을 받아야 하며, 품질검사의 대행을 의뢰하기 위하여 시료(試料)를 채취하였을 때에는 발주자의 봉인을 받아야 한다. ③ 제1항에 따라 품질검사의 대행을 의뢰받은 자는 해당 품질검사에 걸리는 기간을 미리 의뢰자에게 통지하고, 품질검사가 끝났을 때에는 그 결과에 대하여 별지 제49호서식에 따른 품질검사 성적서를 작성·통보하여야 한다. ④ 발주자는 건설공사에 사용되는 재료 중 중요하다고 인정되는 재료에 대한 품질검사 과정에 참관·확인할 수 있다. ⑤ 제1항에 따라 품질검사의 대행을 의뢰받은 자는 건설공사에 사용되는 재료 등에 대한 품질검사를 하여 품질검사 성적서를 발급한 경우에는 발

건설기술진흥법	건설기술진흥법시행령	건설기술진흥법시행규칙
	第93조(품질시험 또는 검사 성과의 관리 등) ① 건설업자나 주택건설등록업자는 품질검사를 완료하였을 때에는 국토교통부령으로 정하는 바에 따라 품질시험 또는 검사 성과 총괄표를 작성하고, 해당 건설공사에 대한 기성부분검사·예비준공검사 또는 준공검사를 신청할 때 발주자에게 이를 제출하여야 한다. ② 건설공사의 기성부분검사·예비준공검사 또는 준공검사를 하는 자는 품질시험 또는 검사 성과 총괄표의 내용을 검토하여야 한다. ③ 「시설물의 안전관리에 관한 특별법」 제2조제2호 및 제3호에 따른 1종시설물 및 2종시설물에 관한 발주자는 해당 건설공사가 완공되면 같은 법 제2조제4호에 따른 관리주체(이하 "관리주체"라 한다)에게 품질시험 또는 검사 성과 총괄표를 인계하여야 한다. ④ 발주자(제3항에 따라 품질시험 또는 검사 성과 총괄표를 관리주체에게 인계한 경우에는 관리주체를 말한다)는 품질시험 또는 검사 성과 총괄표를 해당 시설물이 존속하는 기간 동안 보존하여야 한다.	급한 날부터 7일 이내에 품질검사 내용(품질검사 과정을 포함할 수 있다)을 국토교통부장관이 고시하는 바에 따라 건설공사 지원 통합정보체계에 입력하여 열람이 가능하도록 하여야 한다. ⑥ 제1항에 따라 품질검사의 대행을 의뢰받은 자는 제3항에 따라 작성·통보한 품질검사 성적서의 사본(품질검사 과정을 기록한 서류를 포함한다)을 해당 공사 준공일부터 10년간 보관하여야 한다. 다만, 제5항에 따라 건설공사 지원 통합정보체계에 품질검사 과정을 포함하여 품질검사 내용을 입력한 경우에는 그러하지 아니하다. ⑦ 건설업자 및 주택건설등록업자는 제5항에 따른 품질검사 성적서를 해당 목적 외에 다른 목적으로 사용해서는 아니 된다 ⑧ 영 제97조제2항제4호에 따른 전년도의 품질검사 대행 실적의 제출은 별지 제50호서식의 품질검사 대행 실적 통보서에 따른다.
第61조(품질검사의 대행에 대한 평가기관) ① 국토교통부장관은 품질검사를 대행하는 건설기술용역업자가 제26조제1항에 따른 등록기준을 갖추었는지와 품질검사를 정확하게 하는지에 관하여 전문적이고 기술적으로 조사·평가하기 위하여 「공공기관의 운영에 관한	第94조(품질관리의 확인) ① 법 제55조제3항에서 "대통령령으로 정하는 기관"이란 다음 각 호의 기관을 말한다. 1. 국토교통부장관의 지도·감독을 받는 공기업·준정부기관	第57조(품질검사 대행에 대한 평가기관) ① 국토교통부장관은 법 제61조제1항에 따라 품질검사를 대행하는 건설기술용역업자의 조사 및 평가를 위한 평가기관(이하 "평가기관"이라 한다)을 지정하거나 취소한 경우에는 이를 관보에 고시하여야 한다.

건설기술진흥법	건설기술진흥법시행령	건설기술진흥법시행규칙
법률」에 따른 공공기관 중에서 평가기관(이하 이 조에서 "평가기관"이라 한다)을 지정할 수 있다. ② 정부는 평가기관에 대하여 예산의 범위에서 필요한 경비를 지원할 수 있다. ③ 국토교통부장관은 평가기관의 운영 실태를 조사할 수 있으며, 조사 결과 필요하다고 인정하는 경우에는 시정을 명할 수 있다. 이 경우 국토교통부장관이 필요하다고 인정하면 운영 실태조사의 결과를 공표할 수 있다.〈개정 2015.12.29〉 ④ 국토교통부장관은 평가기관이 부정한 방법으로 조사·평가를 한 경우에는 그 지정을 취소하여야 하며, 시정명령에 따르지 아니한 경우에는 그 지정을 취소할 수 있다. ⑤ 국토교통부장관은 제3항에 따른 운영 실태조사를 위하여 평가기관에 대하여 필요한 자료의 제출을 요청할 수 있다. 이 경우 요청을 받은 평가기관은 정당한 사유가 없으면 이에 협조하여야 한다.〈개정 2015.12.29〉 ⑥ 제1항부터 제4항까지에 따른 평가기관의 지정, 지정취소, 관리 및 운영 실태조사, 운영 실태조사의 결과 공표 등에 필요한 사항은 국토교통부령으로 정한다.〈신설 2015.12.29〉	2. 「방사성폐기물 관리법」에 따른 한국원자력환경공단 3. 「수도권매립지관리공사의 설립 및 운영 등에 관한 법률」에 따른 수도권매립지관리공사 4. 「집단에너지사업법」에 따른 한국지역난방공사 5. 「한국가스공사법」에 따른 한국가스공사 6. 「한국농어촌공사 및 농지관리기금법」에 따른 한국농어촌공사 7. 「한국석유공사법」에 따른 한국석유공사 8. 「한국전력공사법」에 따른 한국전력공사 및 한국전력공사가 출자하여 설립한 발전회사 9. 「한국환경공단법」에 따른 한국환경공단 10. 「항만공사법」에 따른 항만공사 ② 법 제55조제3항에 따라 품질관리를 적절하게 하는지를 확인한 자는 그 확인 결과에 따라 필요한 조치를 하여야 한다. ③ 법 제55조제3항에 따른 품질관리의 적절성을 확인하는 방법 등은 국토교통부령으로 정한다. **제95조(건설자재·부재의 범위)** ① 법 제57조제1항에서 "대통령령으로 정하는 건설자재·부재"란 다음 각 호의 어느 하나에 해당하는 건설자재·부재를 말한다.	② 국토교통부장관은 평가기관의 업무 수행에 필요한 운영지침을 정할 수 있으며, 평가기관은 그 운영지침에 따라 업무를 수행하여야 한다. ③ 법 제61조제3항 후단에 따른 평가기관 운영 실태조사의 결과공표는 조사가 완료된 날부터 2개월 이내에 국토교통부 인터넷 홈페이지에 게시하거나 관보에 공표하는 방법으로 하여야 한다.〈신설 2016.7.4.〉 **제59조(정기안전점검 및 정밀안전점검)** ① 영 제100조제1항제1호에 따른 정기안전점검에서의 점검사항은 다음 각 호와 같다. 1. 공사목적물의 안전시공을 위한 임시시설 및 가설공법의 안전성 2. 공사 목적물의 품질, 시공상태 등의 적정성 3. 인접 건축물 또는 구조물의 안정성 등 공사장 주변 안전조치의 적정성 ② 영 제100조제1항제2호에 따른 정밀안전점검에서는 시설물의 물리적·기능적 결함에 대한 구조적 안전성 및 결함의 원인 등을 조사·측정·평가하여 보수·보강 등의 방법을 제시하여야 한다. ③ 제1항 및 제2항에 따른 정기안전점검 및 정밀안전점검에 관한 세부사항은 국토교통부장관이 정하여 고시한다.

건설기술진흥법	건설기술진흥법시행령	건설기술진흥법시행규칙
제62조(건설공사의 안전관리) ① 건설업자와 주택건설등록업자는 안전점검 및 안전관리조직 등 건설공사의 안전관리계획(이하 "안전관리계획"이라 한다)을 수립하고, 이를 발주자에게 제출하여 승인을 받아야 한다. 이 경우 발주청이 아닌 발주자는 미리 안전관리계획의 사본을 인·허가기관의 장에게 제출하여야 한다. ② 건설업자와 주택건설등록업자는 안전관리계획에 따라 안전점검을 하여야 한다. 이 경우 건설업자나 주택건설등록업자에게 고용되어 안전점검 업무를 수행하는 건설기술자는 안전관리계획에 따라 그 업무를 수행하여야 한다. ③ 안전관리계획을 수립하여야 할 건설공사의 범위, 안전관리계획의 수립 기준 및 승인 절차, 안전점검의 시기·방법 및 안전점검을 수행하는 건설기술자에 대한 대가(代價) 등에 필요한 사항은 대통령령으로 정한다. ④ 건설업자나 주택건설등록업자는 안전관리계획을 수립하였던 건설공사를 준공하였을 때에는 대통령령으로 정하는 방법 및 절차에 따라 안전점검에 관한 종합보고서(이하 "종합보고서"라 한다)를 작성하여 발주청(발주자가 발주청이 아닌 경우에는 인·허가기관의 장을 말한다)에게 제출하여야 한다. ⑤ 제4항에 따라 종합보고서	1. 레디믹스트콘크리트 2. 아스팔트콘크리트 3. 바닷모래 4. 부순 골재 5. 철근, 에이치(H)형강 및 두께 6밀리미터 이상의 건설용 강판. 다만, 가시설용(假施設用)은 제외한다. 6. 「건설폐기물의 재활용촉진에 관한 법률」 제2조제7호에 따른 순환골재(이하 "순환골재"라 한다) ② 법 제57조제2항 각 호 외의 부분에서 "대통령령으로 정하는 공사"란 다음 각 호의 구분에 따른 건설공사 중 어느 하나에 해당하는 공사를 말한다. 1. 건설업자나 주택건설등록업자가 제1항 각 호의 건설자재·부재를 사용하려는 경우 : 제89조제2항제1호·제3호에 해당하는 건설공사 또는 「건설산업기본법」 제41조에 따라 시공자 제한을 받는 건설공사 2. 레디믹스트콘크리트 또는 아스팔트콘크리트 제조업자가 제1항제3호·제4호 또는 제6호의 건설자재를 사용하려는 경우 : 건설업자 또는 주택건설등록업자가 제1호에 따른 건설공사를 시공하는 경우로서 해당 공사의 총설계량이 레디믹스트콘크리트 1천세제곱미터 또는 아스팔트콘크리트 2천톤 이상인 건설공사 ③ 법 제57조제2항제2호에 따	

건설기술진흥법	건설기술진흥법시행령	건설기술진흥법시행규칙
를 받은 발주청 또는 인·허가기관의 장은 대통령령으로 정하는 바에 따라 종합보고서를 국토교통부장관에게 제출하여야 한다. ⑥ 국토교통부장관, 발주청 및 인·허가기관의 장은 제4항 및 제5항에 따라 받은 종합보고서를 대통령령으로 정하는 바에 따라 보존·관리하여야 한다. ⑦ 건설업자 또는 주택건설등록업자는 동바리, 거푸집, 비계 등 가설구조물 설치를 위한 공사를 할 때 대통령령으로 정하는 바에 따라 가설구조물의 구조적 안전성을 확인하기에 적합한 분야의 「국가기술자격법」에 따른 기술사(이하 "관계전문가"라 한다)에게 확인을 받아야 한다.〈신설 2015.1.6〉 ⑧ 관계전문가는 가설구조물이 안전에 지장이 없도록 가설구조물의 구조적 안전성을 확인하여야 한다.〈신설 2015.1.6.〉 ⑨ 국토교통부장관은 건설공사의 안전을 확보하기 위하여 건설공사에 참여하는 다음 각 호의 자(이하 "건설공사 참여자"라 한다)가 갖추어야 하는 안전관리체계와 수행하여야 하는 안전관리 업무 등을 정하여 고시하여야 한다.〈신설 2015. 5.18〉 1. 발주자(발주청이 아닌 경우에는 인·허가기관의 장을 말한다) 2. 건설기술용역업자	른 건설자재·부재는 다음 각 호의 어느 하나에 해당하는 건설자재·부재로 한다. 1. 건설업자 또는 주택건설등록업자와 레디믹스트콘크리트 또는 아스팔트콘크리트 제조업자가 법 제60조제1항에 따라 품질검사를 대행하는 국립·공립 시험기관 또는 건설기술용역업자에게 품질검사를 의뢰하여 시험을 실시한 결과 한국산업표준에서 정한 기준과 같은 수준 이상이거나 해당 공사의 시방서에 적합한 건설자재·부재 2. 해당 공사의 건설사업관리용역업자 또는 법 제49조에 따른 공사감독자가 참관하여 품질검사를 한 결과 한국산업표준에서 정한 기준과 같은 수준 이상이거나 해당 공사의 시방서에 적합한 건설자재·부재 3. 「건설폐기물의 재활용촉진에 관한 법률」 제35조에 따른 품질기준에 적합한 순환골재 4. 「골재채취법」 제22조의4에 따른 품질기준에 적합한 골재(바닷모래 및 부순 골재만 해당한다) **제97조(품질검사의 대행 등)** ① 법 제60조제1항에서 "대통령령으로 정하는 국립·공립 시험기관"이란 다음 각 호의 기관을 말한다.〈개정 2015.1.6〉 1. 지방국토관리청	

건설기술진흥법	건설기술진흥법시행령	건설기술진흥법시행규칙
3. 건설업자 및 주택건설등록업자 ⑩ 국토교통부장관은 건설공사의 안전을 확보하기 위하여 건설공사 참여자의 안전관리 수준을 대통령령으로 정하는 절차 및 기준에 따라 평가하고 그 결과를 공개할 수 있다.〈신설 2015.5.18〉 ⑪ 국토교통부장관은 건설사고 통계 등 건설안전에 필요한 자료를 효율적으로 관리하고 공동활용을 촉진하기 위하여 건설공사 안전관리 종합정보망(이하 "정보망"이라 한다)을 구축·운영할 수 있다.〈신설 2015.5.18〉 ⑫ 국토교통부장관은 건설공사 참여자의 안전관리 수준을 평가하고, 정보망을 구축·운영하기 위하여 건설공사 참여자, 관련 협회, 중앙행정기관 또는 지방자치단체의 장에게 필요한 자료를 요청할 수 있다. 이 경우 요청을 받은 자는 특별한 사유가 없으면 그 요청에 따라야 한다.〈신설 2015.5.18〉 ⑬ 정보망의 구축 및 운영 등에 필요한 사항은 대통령령으로 정한다.〈신설 2015.5.18〉	2. 지방중소기업청 3. 국가기술표준원 4. 시·도의 건설시험 분야 시험소 및 사업소 5. 국방시설본부 6. 조달청 품질관리단 7. 지방해양수산청 8. 국립·공립 대학이 설립한 건설시험 관련 연구소 ② 법 제60조제1항에 따라 품질검사를 대행하는 국립·공립 시험기관 또는 건설기술용역업자는 다음 각 호의 사항을 매년 1월 31일까지 국토교통부장관에게 제출하여야 한다. 1. 품질검사에 사용되는 장비·기술인력의 현황 2. 「국가표준기본법 시행령」 제16조에 따른 시험·검사기관의 인정을 받은 분야 현황 3. 시험 실시 종목 4. 전년도의 품질검사 대행 실적 ③ 건설업자와 주택건설등록업자는 계열회사를 품질검사를 대행하는 건설기술용역업자로 선정해서는 아니 된다.	
제63조(안전관리비용) ① 건설공사의 발주자는 건설공사 계약을 체결할 때에 건설공사의 안전관리에 필요한 비용(이하 "안전관리비"라 한다)을 국토교통부령으로 정하는 바에 따라 공사금액에 계상하여야 한다.		**제60조(안전관리비)** ① 법 제63조제1항에 따른 건설공사의 안전관리에 필요한 비용(이하 "안전관리비"라 한다)에는 다음 각 호의 비용이 포함되어야 한다.〈개정 2016.3.7〉 1. 안전관리계획의 작성 및 검

건설기술진흥법	건설기술진흥법시행령	건설기술진흥법시행규칙
② 건설공사의 규모 및 종류에 따른 안전관리비의 사용방법 등에 관한 기준은 국토교통부령으로 정한다.		토 비용 2. 영 제100조제1항제1호 및 제3호에 따른 안전점검 비용 3. 발파·굴착 등의 건설공사로 인한 주변 건축물 등의 피해방지대책 비용 4. 공사장 주변의 통행안전관리대책 비용 5. 계측장비, 폐쇄회로 텔레비전 등 안전 모니터링 장치의 설치·운용 비용 6. 법 제62조제7항에 따른 가설구조물의 구조적 안전성 확인에 필요한 비용 ② 건설공사의 발주자는 법 제63조제1항에 따라 안전관리비를 공사금액에 계상하는 경우에는 다음 각 호의 기준에 따라야 한다.〈개정 2016.3.7, 2016.7.4〉 1. 제1항제1호의 비용 : 작성대상과 공사의 난이도 등을 고려하여 「엔지니어링산업 진흥법」 제31조에 따른 엔지니어링사업 대가기준을 적용하여 계상 2. 제1항제2호의 비용 : 영 제100조제8항에 따른 안전점검 대가의 세부 산출기준을 적용하여 계상 3. 제1항제3호의 비용 : 건설공사로 인하여 불가피하게 발생할 수 있는 공사장 주변 건축물 등의 피해를 최소화하기 위한 사전보강, 보수, 임시이전 등에 필요한 비용을 계상 4. 제1항제4호의 비용 : 공사시행 중의 통행안전 및 교

건설기술진흥법	건설기술진흥법시행령	건설기술진흥법시행규칙
		통소통을 위한 시설의 설치 비용 및 신호수(信號手)의 배치비용에 관해서는 토목·건축 등 관련 분야의 설계기준 및 인건비기준을 적용하여 계상 5. 제1항제5호의 비용 : 영 제99조제1항제2호의 공정별 안전점검계획에 따라 계측장비, 폐쇄회로 텔레비전 등 안전 모니터링 장치의 설치 및 운용에 필요한 비용을 계상 6. 제1항제6호의 비용 : 법 제62조제7항에 따라 가설구조물의 구조적 안전성을 확보하기 위하여 같은 항에 따른 관계전문가의 확인에 필요한 비용을 계상 ③ 건설공사의 발주자는 다음 각 호의 어느 하나에 해당하는 사유로 인하여 추가로 발생하는 안전관리비에 대해서는 제2항 각 호의 기준에 따라 안전관리비를 증액 계상하여야 한다. 다만, 발주자의 요구 또는 귀책사유로 인한 경우로 한정한다.〈신설 2016. 7.4〉 1. 공사기간의 연장 2. 설계변경 등으로 인한 건설공사 내용의 추가 3. 안전점검의 추가편성 등 안전관리계획의 변경 4. 그 밖에 발주자가 안전관리비의 증액이 필요하다고 인정하는 사유 ④ 건설업자 또는 주택건설등록업자는 안전관리비를 해당

건설기술진흥법	건설기술진흥법시행령	건설기술진흥법시행규칙
		목적에만 사용하여야 하며, 발주자 또는 건설사업관리용역업자가 확인한 안전관리 활동실적에 따라 정산하여야 한다.〈개정 2016.7.4〉 ⑤ 안전관리비의 계상 및 사용에 관한 세부사항은 국토교통부장관이 정하여 고시한다.〈개정 2016.7.4〉

〈참고문헌〉

건설현장 기술 경영실무	김덕준저		구미서관
건축공사관리	대한건축학회 편		기문
건설재료학	정병화저		UUP
건축시공학	장기인	1994	보성각
건축시공학	김정현	1998	기문당
건축시공학	정상진 외	1998	기문당
건축적산	최준오	2009	도서출판 서우
건축품질관리	최준오, 이후광, 윤봉기, 김용식	2005	도서출판 서우
건설사업관리의이해	최준오, 이후광	2005	도서출판 서우
건축공정관리	최준오, 윤봉기	2005	도서출판 서우
네트워크 공정관리	최준오, 윤봉기	2012	도서출판 서우
건축설비	최준오, 윤봉기	2013	도서출판 서우
석공사 입문	최준오	2013	도서출판 서우
건축재료학	최준오, 임병훈	2002	도서출판 서우
건축구조학	이석하, 최준오	1999	도서출판 서우
실내건축적산견적	최준오	2007	기문당
건축공사 표준시방서	국토교통부	2013	
콘크리트 표준시방서	국토교통부	2009	
가설공사 표준시방서	국토교통부	2014	
시공 기술 표준	대우건설		
건설 시공 계획	GS 건설		
한국 산업 표준			

■ 저자 약력 ■

▸ **최 준 오**

- 경동고등학교 졸업(31회)
- 한양대학교 공과대학 건축공학과졸업(28회)
- 국민대학교 대학원 건축학과 박사과정 졸업(건축학 박사)
- Kazakh State National University(명예 철학박사)
- (주)공간종합건축사사무소, 진흥기업(주)근무
- (주)준석건축 대표이사
- 경민대학 건축과 겸임교수, 인덕대학, 국민대학교 건축학과 강사
- 모스크바 국립대학 객원교수(한국학 국제 학술 센터)
- 경원대 대학원, 홍익대 건축도시대학원 실내설계전공 강사
- 현재 : 신안산대학교 건축과 교수

건축품질관리

2017년 2월 15일 초판인쇄
2017년 2월 20일 초판발행

저 자 : 최 준 오
펴낸이 : 이 석 환
펴낸곳 : 도서출판 서우
등 록 : 제8-159호
주 소 : 서울시 은평구 대조동 188-8
전 화 : (02)383-1696, 1697
팩 스 : (02)387-9578
ISBN 978-89-97153-97-8 93540

값 17,000원